U1019253

经典
全译本

# 自卑与超越

What Life
Could Mean
To You

[奥] 阿尔弗雷德·阿德勒 著
江月 译

古吴轩出版社
中国·苏州

**图书在版编目（CIP）数据**

自卑与超越：经典全译本 /（奥）阿尔弗雷德·阿德勒著；江月译. — 苏州：古吴轩出版社，2017.2（2018.12重印）
ISBN 978-7-5546-0877-7

Ⅰ.①自… Ⅱ.①阿… ②江… Ⅲ.①个性心理学—研究 Ⅳ.①B848

中国版本图书馆 CIP 数据核字（2017）第 012708 号

**责任编辑**：蒋丽华
**见习编辑**：顾　熙
**策　　划**：张　历
**装帧设计**：平　平

**书　　名**：**自卑与超越（经典全译本）**
**著　　者**：［奥］阿尔弗雷德·阿德勒
**译　　者**：江　月
**出版发行**：古吴轩出版社
地址：苏州市十梓街458号　　邮编：215006
Http：//www.guwuxuancbs.com　　E-mail：gwxcbs@126.com
电话：0512-65233679　　传真：0512-65220750
**出 版 人**：钱经纬
**经　　销**：新华书店
**印　　刷**：天津翔远印刷有限公司
**开　　本**：900×1270　1/32
**印　　张**：7.5
**版　　次**：2017年2月第1版
**印　　次**：2018年12月第3次印刷
**书　　号**：ISBN 978-7-5546-0877-7
**定　　价**：32.80元

如发现印装质量问题，影响阅读，请与印刷厂联系调换。0222-9908618

# 目 录

# 第一章

# 生命究竟意味着什么

# 生命的意义是什么

人类是生活在一个“意义”的世界里的，所以我们体验事物的时候，并不会抽象地进行。这就是说，我们一生所经历的，并不仅仅是单纯的事物，还要从人的角度来看，我们经历的一切，究竟有什么意义。可即便是生存环境里最简单、最原始的经历，人类也只能从自身的角度去看待它们。所谓的经验，就是这样产生的。例如，“木头”是人类视角下的定义，“石头”也是人类视角下的“生活组成要素之一”。可惜的是，很多人总试图排除事物的意义去审视环境，导致的结果只能是无法理解最基础的人类情感，因而封闭自我、脱离社会，其实，这样的行为于人于己都没有什么好处。

人的生命是不可能脱离意义而孤立存在的，在现实中生活着的人，只有把现实提高到生命与存在的高度，来解读其意义和价值，而不是局限于现实本身，才有能找到生命意义的正确答案，即我们的现实，是从自我角度出发所阐释的现实。因此，一个理所当然的结论是，任何对“意义”的定义总是有遗憾和缺点的，且不完整，当然不可能完全正确。于是，这个看起来充满了对意义追问的世界的一大特征就是充满了各种谬误和荒诞。

假如我们问别人这样一个问题：“生命的意义是什么？”对方很可能会哑口无言。绝大多数人可能都想过这个问题，不过遗憾的是，很少有人愿意下功夫探求问题的本源。但这是一个自有人类以来就一直存在的问题，时至今日，它依然是人们最无法忽视的问题之一，无论是老年人，还是年轻人，都或多或少地想过“活着有什么意义”、“生命究竟意味着什么”。

当然，客观地说，在一般情况下，人们往往只会在遭遇挫折后才会想起这个问题来。那些暂时生活幸福、没有遇到过什么重大困难的人，是很难去想这个问题的。只不过，任何人的一生都不可能是一帆风顺的，艰苦和挫折从来不会永不光顾谁，这是一个我们必须直接面对的现实。于是，人们在自己的遭遇中思考这个问题，也在自己的行为中寻找答案。

我们对人生意义的理解角度影响着我们的行为，不独言语，任何其他行为，也都是我们对“生命意义”进行的不同诠释。而我们的行为诠释，与我们所有的观点、态度、行为、表情、礼貌、抱负、习惯及个性等的表现都是一致的。我们的任何举止都在说明我们只能得出自己所理解的“意义”，我们的一举一动都表现着我们对这个世界及自身的看法。比如，一个人说：“我是这样的，世界就是那样的。”那么，这就是他所理解的自己和生命的意义。

有多少个人，就有多少种对生命意义的理解。谁的理解都不是绝对正确的，所以，既然无人能给生命意义下一个准确的定义，那么任何能为人所用的“意义”，都不会是绝对错误的。正是这两个极端，包含了人生的全部意义。当然，我们可以分辨这些人们所理解的意义哪些更有效、哪些更糟糕，哪些错小些、哪些错大些。我们还会发现，那些较好的意义解读有什么共同的优点，而那些不尽如人意的意义解读有什么无法掩盖的缺点。如果能从中找到普适性标准和意义，那么对揭开与人类有关的现实谜题是很有帮助的。当然，这个普适性标准和意义，是以人为参照系的“相对真理”，因为现实中不存在“绝对真理”。即使存在，也非人类自身可以理解的。对我们来说，这些真理既无法知道，也没有实际意义。

# 生命的三项任务

人类共同的有限性使得每个人的生活都受制于三大制约，所有人都得正视它们，因为它们构成了全部人生和现实，所有问题都源于这三大制约。我们时时刻刻都要面对这些问题。一个人对问题的处理方式，就是他对生命意义的解读。

第一个制约是，我们都生活在地球这个贫瘠的行星上，而不是其他地方，无法脱离地球，所以只能尽量利用地球上的各种资源生存，同时接受地球上所有的限制。为了延续生命，确保人类能够继续繁衍，我们必须重视自己的身心健康，这是一个谁都无法逃避的问题，谁都必须面对它的挑战。不管我们做什么事，都是对人类生命状态的回答，我们会知道哪些行为是必要的、合适的、可取的，哪些是不必要的、不妥当的、不可取的。这些回答都必须围绕一个核心：我们是人类中的一分子，和其他人类共同生活在地球上。考虑到人类肉身的脆弱性及其会导致的潜在危险，我们必须重新考虑这些人生问题。为了自己和全人类的美好未来，我们的答案必须既有远见又相互关联。正如做一道数学题一样，我们必须根据题意列步骤解出答案，而不是靠运气胡乱猜出一个答案来。对于生命的意义，虽然我们不可能找到一个完美答案，但可以努力地找一个最佳答案。我们的生活质量与地球带给我们的祸福紧密相关，所以，所有的答案都必须考虑人类具体将会遭遇到的困扰。

第二个制约是，任何人都不是人类的唯一成员，人类个体的弱点和局限决定了任何一个人都无法单独生活，不能单独完成自己的人生目标，所以每个人都必须与其他人相互关联、相互依存。如果一个人独自面对一切，既不能延续自己的生命，也无法繁衍后代，唯一的结果就是迅速地死掉。受个体脆弱、缺点的限制，每个人都是与他人关联在一起的。所以，回答任何生活中的问题，都必须考虑到这个制约。想要好好活下去，我们的情感就必须与这个大问题一致，那就是，在这个星球上，与其他人一起居住，延续自己及全人类的生命。

第三个制约是，人类是由两种性别组成的。个体和人类集体生命的存续，都必须依赖这一事实。由于这一事实，人类才有了爱情和婚姻这两种关系，谁都无法绕开爱情和婚姻的制约，无论男女。而一个人对这一问题的行为和态度，就是他的答案。解决婚恋问题的方式虽然各自不同，但人们的行为会表明他们认为的最佳方式是什么。

三个制约引申出了三大问题：第一，如何找到一种职业，让自己在地球的天然限制下好好地活下去？第二，如何找到一个可以与同类相互合作且分享合作利益的位置？第三，人有两性，我们如何调整自己以适应人类延续依赖于两性关系的事实？

个体心理学（Individual Psychology）发现：对于每个个体来说，生命中的所有问题几乎都可以归纳在职业、社会和性这三个主要问题之下。每个人对这三个问题的反应，清楚地表明了他对生命意义最深刻的感受。假如一个人的爱情生活很糟糕，朋友也很少，那么，我们不难发现，他对工作也不够尽心，和同伴接触也会让他感觉不快乐，以他的生活遭遇，我们不难断言：他一定会觉得“活下去”是件痛苦而危险的事，对他来说，生活的机会太少而挫折太多——这就是他眼中生命的意义。这样一种对生命意义的界定，会使他的交际范围非常狭窄。于他来说，生命的意义仅是保护自己不遭受伤害罢了，所以，他会倾向于封闭自己，努力避免与他人打交道。

反过来说，假如有一个人爱情生活非常甜蜜，工作也取得了突出的成就，他就会有很多朋友，交际广泛。这样的人一定会认为活着是一个创造的过程，生活充满了机会，没有什么不可克服的困难。于他来说，作为社会成员之一，与同伴们携手共进，为人类的幸福贡献出自己的一分力量，就是生命的意义。

## 社会感

根据上面列举的例子，我们不难发现，人们对于生命的意义之所以会出现不同的观点，是因为他们的社会感不同。如精神病患者、罪犯、酗酒者、问题少年、失恋者、自杀者、堕落者等失败者之所以失败，就是因为他们缺乏归属感和社会兴趣。这些人在面对职业、友谊和婚恋等问题时，都不相信用合作的方式可以解决。他们所认为的生命的意义只是一种属于极端个人的意义，认为没有哪个人能从个人成就中获益，所以他们感兴趣的只有自己。当然，他们也有成功的欲望，但他们要争取的不过是一种虚假的个人优越感，成功只对他们自身有意义。谋杀者手里拿着毒药时，可以体会到一种掌控感——依然是要关联他人，才可能满足他自己的欲望，但很明显的是，这种掌控感只能让他相信自己的力量，但对别人来说，有没有一瓶毒药，一点儿也不能让他变得更重要。

事实上，完全个人化的生命意义是没有意义的，也是不存在的，任何生命意义都只能通过与他人的交往来体现。同样，我们的目标和行为的意义在于让它们对别人也有意义。每一个人都希望自己能成为最重要的那一个，但如果不知道人类最重要的意义是根据自己对他人生活做出的贡献而定的，必然会误入歧途。

我听过一个关于某个小宗教团体领袖的故事。有一天，她召集了自己的教友，说："下星期三就是世界末日了。"惊恐万分的教友马上变卖了自己的所有财产，摒弃了一切对尘世的牵念，等待着世界末日来临。但是，到了星期三却什么也没有发生。第二天，教友们聚集在一起，找到说这个星期三是世界末日的那个领袖兴师问罪。"瞧瞧你给我们带来的麻烦吧！"他们说，"我们把所有财产都变卖了，把所有保障都抛弃了，还对我们遇到的所有人说世界末日就要在星期三到来。别人看我们笑话时，我们还毫不气馁地说，我们的消息来源绝对可靠。现在星期三已经过去了，世界丝毫未变呀！""可是，"这位领袖却道，"我的星期三并不是你们的星期三呀！"很明显，这个领袖刻意制造了一个私人定义来逃避罪责。由此可见，除了糊弄别人外，私人定义实在没有任何意义。

真正的"生命意义"的标志之一，就是不能只对一个人有意义，它是可以被分享，也能被别人认可的意义。能够解决一个人生活问题的好方法，也能为另一个人解决类似的问题，对人类来说，这些方法才具有共同意义，也是可以分享的。即使是天才，也只能用他所产生的了不起的社会作用来定义。只有人们认为对他们来说很重要的人，人们才会将他称为天才。由此可见，生命的意义在于为社会做出贡献。我们说的不是职业动机，无论是做什么职业的，都不在讨论范围内，我们只注重成就。能够成功解决人类生活中种种问题的人，本身也表明了他知道生命的意义是让别人产生兴趣然后相互合作，在社会利益的指引下，认真地做每一件事。如果遇到困难，他会选择用不和别人利益发生冲突的方式来克服。对很多人来说，这很可能是一种新观点。他们也许会怀疑，生命的意义真的应该是奉献、让别人产生兴趣和互助合作吗？也许他们还会问："那我们又该为自己做些什么呢？如果总是考虑别人，一味地为别人奉献自己，难道不会累吗？难道不痛苦吗？倘若一个人想要自我发展，再怎么着也该为自己考虑下吧？我们难道不应该学会保护自身的利益或优化自己的个性吗？”

这类观点看起来好像正确，但事实上却大错特错。为了保护自己、优化自己，就得考虑自己这一问题，本身是个伪命题。如果一个人认为生命的意义在于对别人有所贡献，他的情感也指向这个目标的话，自然会把人格塑造成一种对他人、对社会都有贡献的理想状态。他会根据目标调整自己，会根据自己的社会感来训练自己，他会在练习中获得各种能力和技巧。只要认清了目标，学习实现目标的能力和技巧，就是极自然的事情了。为了解决生命中的三大问题，他会不断地充实自己，不断地提升自己的能力。

以爱情与婚姻为例，如果我们深爱着自己的伴侣，致力于丰富伴侣的生活，我们就会竭尽全力去发挥自己的能力和才华。没有奉献目标却想凭空发展自己个性的装腔作势，只会徒增烦扰罢了。另外一点足以证明奉献与合作才是生命真谛的是审视遗产。你从祖先留下的遗产里看到了什么？只是他们对人类生活的贡献，如他们开发过的土地，建造的公路和建筑物吗？我们的传统、我们的哲学、我们的科学和艺术，以及我们处理生活问题的技能，无一不是祖先将生活经验互相交流的成果。而这些成果，都是为人类幸福做出过贡献的人留下来的，而另一些人，那些不懂得合作和奉献的人，那些赋予生活另一种意义的人，那些只会问“我该怎样逃避生活”的人，都怎么样了呢？已经彻底死亡，没有留下一点儿痕迹。他们的生命是如此苍白无力，连地球也似乎在对他们说：“我们不需要你，你根本不配活下去。你的目标、你的奋斗，连你所抱持的价值观念，都不会有未来。你是一个一无是处的人，快点儿消失吧！”

对于生命意义不是合作和奉献的人，我们可以确定：“你一无是处，没人需要你，请你走开！”当然，我们会在现代的社会文化中看到许多不完美之处；一旦发现了弊病，就应该致力于改变它，但这种改变必须以为人类谋取更多的福利为前提。

在这个世界上，知道这一真相且持有这种观念的人到处都是。他们深深地知道：生命的意义在于对全人类感兴趣，并愿意与他人合作，为我们的社会做出贡献。为此，他们努力地培养着自己的爱心和对社会的兴趣。

所有宗教都关注拯世救人的问题。世界上所有的伟大运动，也都是人们想要增加社会利益的结果，宗教即朝这个方向努力的最大力量之一。但是宗教的真实内涵，却由于各种原因经常被曲解；除非宗教能更直接地致力于增加社会利益的工作，否则，我们很难看出它们能在增加社会利益方面做多少贡献。科学的发展使人们对同类的兴趣大为增加，所以也许科学比政治、宗教等其他运动都更有成就，也更能让人类了解生命的意义。

虽然我们在从各种不同的角度探讨这个问题，但我们的目标却始终是一致的——增加对别人及社会的兴趣，促进合作，为人类做出贡献。正面的生命意义是我们事业的守护神，而错误的生命意义却是附着于身上的恶魔。因此，我们必须了解这些问题：生命意义是如何形成的？彼此之间有哪些不同？出现重大错误应当如何纠正？等等。这些问题都是心理学研究里的问题，心理学之所以有别于生理学或生物学，是因为它能通过了解“意义”以及“意义”对人类行为和未来的影响，来增进人类的幸福。

从出生那天起，我们就在摸索中追寻着“生命的意义”。即使是婴儿，也设法估定自己的力量，努力判断自己的力量在自己的全部生活里所占的比重。到五岁时，孩子已经形成了一套独特而固定的行为模式，以此模式解决问题和进行工作。这时期的孩子已经具有了深刻而持久的观念，如“对这个世界和自己，应该期待些什么”。他会用一套已经固定的先验知觉来观察世界：经验在形成之前，已被预先做了解释，而解释又是基于他给生命赋予的意义而进行的，即使错得一塌糊涂，即使因此形成的为人处世的方式会不断地给他带来不幸和痛苦，他也不会轻易地放弃自己的行为模式。

只有重新审视导致错误解释的环境，找出产生谬误的根源，并修正整套先验知觉，才能将错误的生命意义矫正过来。在少数情况下，个体也许会因为错误行为模式所导致的糟糕结果，而被迫修正自己对生命意义的定义，且靠着自己的能力成功地改变自己。但是，如果没有社会压力，如果他不知道再这样我行我素下去会自取灭亡，他一定不会改变自己。很多时候，对错误行为模式的修正，大部分人都需要借助某些心理学专家，他们了解每个人行为模式错误的根源，能给出一种较为合理的人生指导。

人对生命意义的定义并非是由环境决定的，而是我们自己对环境意义的定义，决定了我们是什么样的自己，我们对经验的意义的定义决定了我们是什么样的自己。但是，我们很容易犯这样一个错误：因为经历过某些特殊的事件，于是把这些特殊事件的经验，当成自己未来生活的基础。这一错误尤其容易发生在童年，大部分失败者都是童年不幸而导致了人格残疾。因为在婴儿时期患过重病或先后天因素而导致身体器官产生严重缺陷的孩子，心理上的负担会非常重，他们很难明白生命的意义在于奉献。除非有亲人关爱他们，愿意帮他们把注意力从自身转移到他人身上，不然，他们大都只关心自己的感觉。且不难预见，此后他们还会因和周围人比较而无限自卑。同伴的怜悯、揶揄或对他们的逃避，都会加深他们的自卑感。环境中的任何反应，都有可能让他们只关注自己，他们也因此被边缘化，不愿成为社会上的重要人物。

童年的伤害会被给予完全不同的定义，而不同的人也会对生命意义给出截然不同的解释。只有一个人的不愉快经历将来能对他有所启发，他才会念念不忘。一些人会想：“我们要努力改变这么让人痛苦的情况，要让孩子在更好的条件下成长。”另一些经历相似的人会觉得：“生活真不公平，世界这样对待我，我为何要善待这个世界？”这就是为什么有些父母一谈起孩子就说：“我们小时候也受尽了苦，你吃这点苦算什么……”还有一些人会觉得：“我童年被如此残忍地虐待过，所以无论我做什么都是有原因的……”这三种人对于生命意义的理解都会表现在行为上，除非他们改变自己对生命意义的理解，否则他们绝不会改变其行为模式。

这就是个体心理学与童年伤害论分道扬镳的原因：经历绝不是成败的唯一原因。经历的冲击并不能真正地伤害我们，所谓的“创伤”只会让我们知道自己更需要什么。我们无法决定自己的经历，但可以决定那些经历的意义。

## 身体缺陷

我想，因研究器官有缺陷或内分泌异常的孩子而面临困扰的，我大概是第一个人。这方面的科学研究虽然已经有一些进步，但它的发展趋势却并不是我想看到的。我一直想找寻的答案，不是能够证明失败的责任在于遗传或有体征缺陷的证据，而是寻找可以克服这种困难的方法，器官缺陷并不是生活模式错误的借口。

我们找不出内分泌腺异常问题完全相同的两个孩子，但却经常可以看到克服了自身困扰的孩子，且在克服困难时，还培养出了非常了不起的才能。所以，个体心理学并不鼓吹优生选择论，很多出类拔萃的人，对人类文化做出巨大贡献的人，都有某些生理缺陷，他们身体不好，有的人甚至英年早逝，但他们却为社会做出了巨大贡献。对体征缺陷的抗争让他们更加坚强，也让他们一路向前时更加勇敢。如果只关注他们的体征缺陷，我们是无法判断他们的心灵将是朝好方向还是坏方向发展的。但事实证明，很多有体征或内分泌缺陷的孩子，都没有被真正地善待过，没人愿意理解他们的困境，所以他们变得极度以自我为中心。因为生理缺陷而童年不幸的孩子，成人后更多的是失败者。

## 放纵与冷落

另一种扭曲生命意义的原因，是娇纵孩子、宠溺孩子。被娇宠的孩子会习惯性地希望别人把自己的愿望当成法律，不必努力便能成为宇宙中心。而且，他们还会认为自己的优越感是与生俱来的权利。所以，当他们进入一个不以他们为中心的环境里，发现大家都不以照顾他们的感受为主要目标时，就会因失落而十分愤怒，觉得世界亏待了自己。他们习惯了只取不予，除此之外，他们不知道其他与人相处的方式。总是被服侍的他们丧失了独立性，他们不知道自己也是能做一些事情的。一旦遇到问题，他们唯一的解决办法就是要求别人帮助。

他们天真地以为，如果自己能重新成为众人的中心，假如可以强迫别人承认他们更特殊的优越性，就可以改变自己的处境。被宠坏的孩子长大之后，很可能成为社会中最危险的分子。有些人会严重失去善良的能力，以好意之名，装出一副讨人喜欢的样子以获取控制他人的机会，但在日常事务上，却暗中打击有合作精神的正常人。有些人更疯狂，会更公开地反叛，一旦得不到他们习以为常的谄媚和顺从时，就觉得自己被出卖了。他们认为社会充满了敌意，所以才竭尽全力报复整个社会。假如社会真的不喜欢他们的生活方式（这种事经常发生），他们会把这种不喜欢当成他们被亏待的新证据，这就是惩罚为什么总是没有效果的原因——惩罚除了给他们强化“别人都反对我”的信念外，一点效果都没有。无论是暗中破坏，还是公开反叛，无论是以柔术驾驭别人，还是以暴力实施报复，被宠坏的孩子在本质上都犯了同样的错误。

事实上，有许多人先后使用过这两种不同的办法，但他们的目的却没有变过。他们觉得“生命的意义在于独占鳌头，成为全世界最重要的人物后，就能得到自己想要的一切”。只要继续固执己见，那么，他们的每一种选择都是错误的。

第三种容易扭曲生命意义的情况，发生在被冷落的孩子身上。这样的孩子从来不知爱与合作为何物，他们对生命意义的理解里，没有对友善力量的考虑。不难理解，如果他们遭遇到什么问题，会习惯性地高估里面的困难，低估自己解决问题的能力，低估别人的帮助意愿以及友善。社会曾经很冷漠，所以他们误以为社会永远是冷漠的，所以他们不知道自己可以通过付出友善和利益，来赢得自己想要的感情和尊敬。他不但怀疑别人，也不相信自己。其实，任何经历都不应该泯灭我们对可靠感情的渴望。

对于一位母亲来说，最重要的工作就是让孩子感觉她是一个值得信任的人，然后，把这种信任感扩大，直至让孩子相信，身边的任何事物，都可以找到一种安全边际。如果这项工作——获得孩子的感情、兴趣和合作——失败了，那么，孩子就很难培养出社会兴趣来，也很难对伙伴产生友好之感。每个人都有关注别人的能力，但是这种能力必须被启发、被磨炼，否则这种能力就会被消灭。一个完全被冷落、被憎恨或被排斥的孩子，会很喜欢孤单，不喜欢和别人交往，不懂得活在社会里就要重视团结合作，也不会关心能有利于他和别人的共同生活的任何事物。我们在前面已经讨论过，孤零零的一个人面对一切，结果只有迅速死掉。一个孩子，只要度过了婴儿期，便说明他还是得到了某些照顾和关怀。因此，我们讨论的不是完全被冷落的孩子，而是得到的照顾比一般人少的或只在某些方面被冷落，其他方面都很正常的孩子。

总之，被冷落的孩子肯定没有找到值得相信的人。悲哀的是，很多生活中的失败者，都是孤儿或私生子。一般情况下，这类孩子就算得上被冷落的孩子。

体征缺陷、被娇纵、被冷落这三种情况，最容易扭曲对生命意义的定义。在这三种情况下长大的孩子，几乎都需要通过帮助，才能修正他们解决问题的方法。他们只能在别人帮助下，才能重新定义生活。假如我们真正关心他们，也曾在这方面下过功夫，那么，我们就能从他们做的每件事情中，看出他们对生命意义定义理解的改变。

## 梦与早期记忆

可以确定的是，做梦和联想对于了解一个人对生命意义的定义很有帮助。因为无论是做梦时，还是清醒时，一个人的性格总是不变的，不过，梦中社会压力较轻，性格可以不经过防卫和隐瞒就表现出来。但要了解一个人对自己和生命意义的定义，最有用的还是他的记忆。每种记忆都是某些值得回忆的事的代表，无论能想起的事是多么少。某些事之所以能被想起，是因为这些事在他生活中占的分量足够大。这些记忆告诉他“这是你应该得到的东西”或“这是你应该躲避的东西”或“这就是你的生活”。

我们必须再次强调：记忆中的每一件事都是值得纪念的。童年早期的记忆尤其有用，这能说明他特殊的生活模式已存在多久了，是什么样的环境让他有了现在的生活态度。最早的记忆之所以很重要，不外乎两个原因：第一，一个人对自身和环境的基本估计都包含在里面，他的外貌、他对自己最初的概念，以及别人对他的要求等，第一次综合起来评价了；第二，早期记忆是他记录自己的开始，也是个人主观意识的起点。因此，我们常常发现：让一个人感觉脆弱不安的环境，与让他感觉自身强大、拥有安全感的环境之间，有着强烈的对比。至于一个人的最早记忆究竟是不是他所能记起的第一件事，或他的记忆是否合乎实情，于心理学目的来说并不重要。

记忆的重要之处，在于被“当作”何物、被理解成什么以及它们对现在和未来会产生什么影响。举几个关于最初记忆的例子，就能看出它们是如何影响一个人对“生命意义”的定义的。“咖啡壶掉在桌子上，把我烫伤了，这就是生活！”一个女孩子说。我们发现，以这种方式开始自述的女孩，往往无法摆脱孤独感和无助感，所以会习惯性地高估生活里的危险和困难。假如她抱怨别人没有照顾好她的话，不必惊讶，因为从她的自述中可以看出，肯定有人非常粗心大意，才会让一个婴儿遭遇这么严重的伤害！另一个学生类似的记忆是：“我三岁的时候从婴儿车里摔下来过。”伴随着这最初的记忆，是没完没了的噩梦：“世界末日已经到了，午夜醒来，我发现天空被火照得通红。天上的星辰纷纷往下坠，我们的地球将和另一个星球相撞。可是，在撞毁之前，我又醒过来了。”我问这个学生是否害怕什么时，他说：“我怕我无法获得成功。”最初的记忆和反复出现的噩梦使他对生活失去了信心，使得他极度害怕失败和灾难。

一个因为夜晚尿床而不断和母亲吵架的十二岁男孩，被带到医院来的时候，说起他的最初记忆：“妈咪以为我丢失了。她很恐惧，跑到街上大呼小叫，其实，我一直藏在屋子里的橱柜中。”我们可以从这个记忆里看到一种臆测：“生命的意义是用找麻烦来赢得关心，获取安全感的方法就是欺骗。你既然不关心我，让我很难过，那我就骗你们，也让你们难过。”尿床也是他使自己成为关注焦点的策略。他母亲表现出的焦虑和紧张，更加强化了他对生命意义的偏见。他认为，外面的世界是如此危险，如此令人不安，只有别人担心他、关注他，他才觉得安全。他也只有用这种方式才能让自己相信：如果他需要保护，别人还是会来保护他。

一个三十五岁女性的最初记忆是这样的：“三岁那一年，有一次，我独自一人走进了黑暗的地窖。下楼梯时，比我大一点儿的堂兄也打开门跟着我走了下来，我被他吓了一大跳。”从她的记忆里我们可以看出，她可能很孤僻，不习惯和其他孩子一起游玩，尤其不喜欢和异性伙伴一起玩。我猜她是独生女，结果猜对了。虽然已经三十五岁了，但她还是没有结婚。接下来的谈话可以看出她的社会感是怎么发展的：“我还记得妈妈让我推过小表妹的婴儿车。”我们不难发现，她只有和比自己弱小的人在一起时才自在，而且她十分依赖母亲。一个家庭的最佳教育方式就是，让年龄稍大的孩子照看弟弟妹妹，这样既可以培养他们的合作精神，也会让他们关心新成员，为家庭承担一部分责任。如果能使其成为他们的一种自愿行为，哥哥姐姐就不会认为弟弟妹妹的出生让父母忽略了自己，也不会讨厌弟弟妹妹。

喜欢和别人在一起，并不是真正关心别人的证据。一个被问及最初记忆的女孩说道：“我跟姐姐经常和另外两个女孩一起游玩。”我们当然可以看出她还是很渴望群体合作的，所以才慢慢地学习与人交往的艺术，但当她提起最害怕的事时，却说：“我怕别人都不理我。”我们看出了她的挣扎，这是个缺乏独立性的女孩，与人交往并不是因为关心别人，而是为了让自己没有被遗弃感。

只要真正了解了人们对生命意义的定义，我们就知道怎么去了解他们的性格。常有人说："江山易改，本性难移。"其实这句话说得不对，只有那些并不了解自己为何如此定义生活的人，才无法改变自己的性格。但正如我们前面所言，如果找不到导致生命意义定义错误的根源，任何交流或治疗，都不会有效果。修正自己错误价值观的唯一办法，就是培养他们与社会合作、积极面对生活的勇气。

## 合作的重要性

防止精神异常倾向的唯一途径是合作。因此，让孩子学会与他人合作，让他们在日常生活、工作或游戏中，学会处理自己与小伙伴之间的关系。无论干涉孩子什么样的社交，都会导致不良后果。比如，在家中被宠坏了的孩子是非常自私的，这种自私的性格会被他们带到学校里。他们只喜欢自己感兴趣的课程，要让他们对其他课程感兴趣，除非让他们觉得可以得到老师格外的宠爱。年纪越大，缺乏合作精神导致的不良后果就会越明显。如果一个人对人生意义的定义是错的，他便不会承担自己的责任、发展自己的独立性，也因此没了面对人生挫折和困难的能力。

我们不能因为一个成年人在童年时养成的性格缺点而责备他，如果他因此受挫，我们也只能帮他想办法补救。我们不能指望一个没有上过地理课的孩子考好地理，也不能期待一个没有学过人际合作的孩子懂得如何与他人合作。但是，解决任何生活问题，都需要与他人合作。无论我们做什么事，都要以人类发展为前提，以为社会谋求福祉为前提。只有明白了人生的意义在于奉献，我们才能勇敢地去面对困难，才有更大的机会获得成功。

如果老师、家长和心理学家都知道孩子会对人生意义犯认知错误，那么遇到问题时，我们就该告诉他们，要不断努力克服困难或解决问题，而不是将责任推给别人，用抱怨或诉苦的方式博取别人的关怀或同情，也不能因为感觉丢脸而自暴自弃。我们应该说："我们必须有自己的生活，这是我们的事，我们能处理好。我们是自己的主人，破旧立新的事，要是自己都不做还能指望谁做！"只要他们不再重复相同的错误，社会感欠缺的孩子也会认识到自身的能力，发现人生的机遇。面对困难时，不会再逃避、推脱责任或者寻找不合常规的捷径，也不再要求他人给予特殊的照顾和帮助，不会因为感觉没面子而自暴自弃。假如每个人都能独立自主，都非常合作地对待生活，那么人类社会的进步就永远有希望。

# 第二章

# 心灵与肉体

# 心灵和肉体之间的联系与冲突

对于“到底是心灵支配肉体，还是肉体控制心灵”这个问题，大家一直各执己见，争论不休。很多哲学家也参加了争论，他们认为这只是一个唯心论或唯物论的问题。即使他们给出了数以千计的论据，但这个问题还是悬而未决。在这个问题上，个体心理学可能会提供一些帮助，因为个体心理学研究的正是肉体和心灵之间的动态关系。即使是重病患者，也是有肉体和心灵的，如果治疗的理论建立在错误的基础之上，就不会有治疗效果。所以我们的理论必须以经验为推导基础，必须经得起实际应用的考验。找到它们之间的相互作用，才能找到正确的理念。而作为心理学家，我们也必须接受找出正确理念的挑战。

个体心理学的发展，使上述争论变得简单起来。这不再是一个绝对肯定或绝对否定的问题，肉体和心灵二者都是整体生活的一部分，我们要用整体概念来了解它们之间的相互关系。人是动物，生命需要运动，但不能只注重肉体锻炼，还要注重心灵的修炼。种子在土地中生根发芽后，就被固定在了一个特定的位置，不能随便移动。所以，如果我们发现植物也有心灵的话，一定会惊讶不已。但即使植物可以预知未来，对它也没有任何用处。即便植物知道：“有人来了，他马上就要踩到我了，我会死在他脚下……”但这又有什么用呢？植物仍然无法逃脱自己的劫难。但所有动物在能预见未来情势时，会制订自己的行动计划，且据此行动。人更是能在预见事态发展方向后，制订行动计划并执行。这使得我们不得不承认：我们都是有心灵或灵魂的。

心灵最重要的作用是预见事态发展的方向并指导自己的行动方向。

知道了这一点，我们就会明白：心灵是如何支配肉体的——它为肉体定下了行动策略。如果没有行动目标，那么，肉体只能做出一些没有用的毫无章法的散乱行动。心灵决定了行动的方向，所以是生活的主宰。肉体也影响着心灵，因为执行行动的是肉体。心灵只能在肉体已有能力及可发展能力之内支配肉体。假如心灵希望肉体飞到月球上去，除非先发明出能克服身体能力限制的航空工具来，否则这是不可能的事。人类比其他动物更善于活动。不仅方式较多（这一点可以从人类复杂的手的动作中看出来），而且善于利用活动来改变周围的环境。

因此，不难预见的是，人类心灵会越来越有预见性，为了改善自己的生活，人类奋斗的目标性也会越来越强。我们还会发现，所有实现细分目标的行为，其实都指向一个目标，即我们所有的努力都是为了让自己获得安全感，一种克服所有困难、让周围环境都处于自己掌控之下的感觉。为了实现这一目标，我们的心灵活动和它指导下的行动必须相互协调，形成一个整体。心灵和肉体的一体化，在胚胎形成初始就开始了。如果皮肤受了伤，整个身体都忙着为它复原，但这并不是只是肉体的责任，心灵也得发挥它的指导作用。运动、训练和一般卫生学知识已经证明，伤口的愈合是身体在心灵的帮助下完成的。生命从形成第一天开始至结束为止，人的生长和发展都没有离开过心灵与肉体的合作。

肉体和心灵是一个相互作用的共同体，彼此必须互助合作，不能各自为政。心灵就像发动机一样，可以激发人体的全部潜能，使身体变得更健康、更有力量克服困难。我们的心灵活动可以通过肢体运动、表情表现出来，只要有动作，就是有意义的。眼睛、舌头、脸部肌肉有了运动，才使脸上有了表情，这些表情的意义，恰是心灵给予的。这下我们知道心理学（或心灵的科学）真正在研究的是探讨一个人各种表现的意义，找到他的目的，然后和别人的目标互相对照。

任何动作都是有目标的，心灵能使动作的目标变得更加具体。如果我们最终目标是到达一个安全的地方，那么，心灵时时刻刻都在判断："那个安全的地方在某处，我一定要朝某一个特定方向走才能到达。"当然，心灵的判断也有错误的可能，但如果没有一定的目标和明确的方向，根本不能有任何动作。如果我举起了双手，那说明我心里已经有了这个动作目标的存在。其实，心灵的选择有时可能会出现重大纰漏，但它之所以如此选择，是因为心灵误以为它是最有利的。行动上的所有错误选择，都是心灵错误。安全感是人类共同的追求，但一些人弄错了获得安全感的方法，采取了让他们误入歧途的具体行动。

如果我们看到了一种无法得知其隐含意义的表现或征兆时，了解它的最好方法就是简单地把它归纳于一种纯粹的行为。以偷窃为例，偷窃就是把别人的东西据为己有。我们首先分析这种行为的目的：让自己更富有，拥有的东西越多，就越有安全感。因此，这种行为是贫穷感或匮乏感所导致的。其次，我们要了解此人的出身，他是处于何种境地、在什么情况下才会有匮乏感？最后，我们要看的是他为了改变自己的处境、克服贫穷感或匮乏感所采取的方式是否恰当，行为方向是否正确，获取所欲之物的方法是否用错了。我们不必指责他的本质目标，但可以指出，为了实现他的个人目标，他选择了一条错误的道路。

我们所谓的文化，是指人类对环境的改造，且我们的文化就是人类心灵指导肉体进行各种行为的结果。工作的灵感来自心灵的启发，身体的成长则受惠于心灵的指导和帮助。

总而言之，人类的哪一种表现都有心灵的目的性。然而，过度强调心灵的比重，却是绝对不可取的。要克服生活中的困难，身体必须十分健康。由此可见，心灵通过对环境的管理，来让身体得到保护，防止我们遭遇虚弱、疾病和死亡，并避开灾害、意外及功能损伤。心灵让我们感受到快乐和痛苦，也给了我们丰富的想象力和鉴别环境之优劣等能力，为了对某种情况做出某一最明确的回应，我们的感觉会让身体处于良好的健康状态。幻想力和鉴别力是预力的工具，不仅如此，它们还能激发出许多让身体行动的感觉来。个人情绪能在很大程度上控制身体，但身体却很难控制情绪。个人情绪主要是由个人目标和生活方式决定的，显而易见，支配一个人的，并不仅仅是生活方式。如果没有其他力量，一个人的态度并不足以导致什么行为，必须被情绪加强后，才能产生各种行为。

## 情绪的作用

从个体心理学概念来看，情绪绝对不会和生活方式互相对立，为了实现自己的目标，情感会自动适应新的生活态度。我们谈的话题，已经不在生理学或生物学的范围之内了；情感是如何产生的，不可能用化学理论来理解，也无法用化学实验来推断。我们先假定它的生理过程是存在的，但我们更感兴趣的是心理目标。焦虑对交感神经或副交感神经的影响，我们并不太关心，我们要研究的是焦虑的目的和结果。

根据这种研究方向，焦虑不可能是由性压抑引起的，也不应该是难产的后遗症，这些理解太离谱了。我们知道，习惯了被母亲陪伴、帮助、保护的孩子，很可能会发现，焦虑是控制自己母亲最有效的武器，无论它的来源是什么。关于愤怒，我们也不会只相信它的生理描述，经验告诉我们，愤怒是一种控制人或情况的工具。

每一种身体或心灵的表现，都必须以先天生理状态为基础，但我们关注的是如何用好先天基础，实现既定的目标——这就是心理学研究的唯一目的。不难发现，每个人的情感模式都是根据他目标的高度和实现目标的方向而成长和发展的。无论是焦虑或勇敢、愉悦或悲哀，一定都和他的生活方式一致。能恰到好处地支配它们的强度和表现它们的优势，就是我们所希望的。

用悲伤来突出自身优越感的人，并不会因目标实现而快活或满足起来，因为他只有在不幸的时候才有快乐可言。如果我们稍加注意就会发现，情感是可以因为需要而呼之即来，挥之即去的。一个患有社交恐惧症的人，如果让他留在家里，或让他使唤另一个人，焦虑感就会消失。所有神经症患者避开的，都是生活中不能满足他们征服感的那部分，情绪规律像生活方式一样固定。比如，懦夫永远是懦夫，虽然和比自己柔弱的人相处时，也会骄傲自大，在别人的保护下，也会表现出一副敢作敢为的样子来。虽然他坚定地声称自己无所畏惧，也没有人能证明他确实很焦虑，但性格中的懦弱部分，早就在他各种保护自己的行为中表露无遗了——他会在门上加三把锁，会用防盗器和警犬来保护自己。

在性和爱情方面，感觉同样可以招之即来，挥之即去。如果一个人想接近他的性目标，那么他的属于性的感觉就被唤醒了。为了集中注意力，他必须放开有竞争性的工作和不相干的兴趣，才能唤起他想要的感觉和功能。没有这些感觉和功能的人，如阳痿者、早泄者、性欲倒错者和性冷淡者，都是因不愿放弃不相关的工作和兴趣。错误的优越感目标和生活方式，是导致各种异常的原因。我们发现，这类病人有这样一种倾向：只希望别人体贴自己，自己却从不体贴别人；他们对社会的兴趣薄弱，在需要胆识和乐观进取的活动中经常遭遇失败……

一个在家中排行第二的病人，因为无法摆脱负罪感而十分痛苦。他的父亲和哥哥都非常重视诚实这种品质，而他七岁时，有一次让哥哥代做了作业，却告诉老师说作业是自己做的，因为说了谎，所以心里有着深深的负罪感，他因此怀有负罪感长达三年。最后自己承受不了这样的负罪感，不得不去找到老师，承认自己说过谎，老师笑了笑，没有批评他。但他的负罪感并没有消除，又哭着去见他的父亲，第二次认错。这一次，他得到了更多的认可，父亲深以他的可爱与诚实为荣，不但夸奖他，还安慰他。尽管父亲已经原谅了他，但他还是非常沮丧。以至于我不得不怀疑，为了这些琐碎的事如此严厉地责备自己，真的只是为了证明自己的诚实和严正吗？正是因为家中道德意识比较强烈，所以他在诚实方面有超越别人的冲动。无论学校功课的成绩，还是社交吸引力，他都感觉比不上自己的哥哥，强烈地需要一种方式来获取优越感。所以在此后的生活里，他仍然因为其他各种自卑而深感痛苦。不仅经常手淫，而且在学习上也没有完全改掉欺骗的习惯。

考试时，他的负责罪感会更加严重。由于内心过分敏感，他的精神负担比他哥哥重得多，因此，当他期待和哥哥一样优秀，但自己又做不到时，便会产生负罪感。大学毕业后，他想找一份技术性工作，但他的负罪感强迫症变得异常强烈，以至于他整天都需要祈求上帝的原谅，自然而然，他根本没有心思工作。后来情况越来越坏，家人不得不把他送到精神病院去。那时，他已经被认定无药可救，但过了一段时间后，他的病况却奇迹般地大有起色。离开精神病院时，院方要他答应：万一旧病复发，必须返回医院。

出院以后，他改读艺术史。在一个考期来临前的一个星期日，他跑到教堂里拜倒在众人面前，五体投地，放声大哭："我是人类最大的罪人！"他就这样再次成功地成为众人关注的焦点，大家都看到了他的良心。家人无奈又将他送回了精神病院，他在医院待了一段时间后，感觉没有大碍了，就又回到了家里。有一天吃中午饭时，他竟赤裸裸地走进了餐厅！他身材健美，在这一点上，他倒是可以和他的哥哥或其他人媲美的。负罪感是让他显得比其他人更诚实的方法，所以他一而再，再而三地故技重施，就是他想获得优越感的挣扎。

然而，他在挣扎中误入了歧途，对考试和工作的逃避，使他成为懦弱的代名词，强化了他原本就高涨的无所适从感。他各种神经官能症，都是为了避开每一件会让他失败的事。他在教堂里的跪拜认罪和令人震惊的裸体进入餐厅等行为，同样是他为了争取优越感而用的拙劣方法。他的生活方式和因此诱发的感觉，使得他必须这么做。

我们说过，四五岁以前是个体构建自己心灵整体性的时间，且他已经在心灵和肉体间建立起了关系。他会根据自己身体素质和对环境的印象来修正心灵和肉体的关系，以适应他追求优越感的信念。五岁后，他的人格已经成形了。他已经定义了生命的意义、追求的目标、接近目标的方式以及情绪倾向等，这些在以后可能也会有所改变，但是只有改变了儿童时期形成的错误观念，才会对生命的意义等有新的定义。理解他的新表现就是他在重新定义生命的意义后对生活的新理解。

个人是以自己的感官来接触环境且从中获得印象的。因此，从他训练自己身体的方式可以看出他准备获得环境中的哪一种印象，以及他会如何在生活中运用自己的经验。如果我们留意一下他观察和倾听的方式以及能吸引他注意力的事物，我们便能充分地了解他。他会这么做，会有那些感觉和情绪，是非常合理的。

一个人的举止可以表明他的身体器官受过什么样的训练，以及他是如何利用自己的感官选择自己要接受的印象的。一个人的举止永远受制于他对生命意义的定义，这就是不同的人举止不同的重要原因。

现在，我们可以给心理学定义上增加一点什么了——心理学研究的是个人对自己身体印象的态度，以及人类心灵之间的巨大差异是如何导致的。我们可以讨论一下了。

如果肉体无法适应环境，难以满足环境的要求，会被心灵当成一种沉重的负担。所以，身体表征有缺陷的孩子，在心灵的发展之路上，会比其他人遭遇更多的阻碍，他们的心灵也很难引导肉体让自己变得更健康、更易获得优越感，因为他们需要更多的心智来集中注意力，并且必须比别人更集中注意力，才能实现相同的目标。所以他们的心灵负荷是十分沉重的，久而久之只会变得以自我为中心。如果一个孩子总是因为体征缺陷或行动艰难而困扰，就不会有多余的精力留心外面的世界，他没有时间寻找什么有意思的活动来与别人互动，所以他的社会感和合作能力就会比其他人差很多。体征的缺陷给人带来了很多障碍，但这些障碍绝不应该成为他们无法摆脱的枷锁。如果他们愿意让心灵主动去克服这些困难，完全可以和正常人一样工作和生活。而事实上，很多体征有缺陷的人尽管会遇到很多困扰，却比身体正常的人的成就更大。体征缺陷可以成为前进的动力。例如，如果一个孩子视力不佳，他可能会因此感觉很有压力，需要花更大的力气才能看清东西，他必须给视觉世界更多的注意，他更感兴趣的是区分色彩和形状。结果，他比视力敏锐的、不需要刻意关注细节的孩子看得更多、更细。由此可见，只要心灵上找到了克服困难的正确方法，局部有缺陷的器官也能成为强大优势的根本。许多画家和诗人视力都不佳，但由于内心得到过良好的指导，所以他们能很好地克服自己的缺陷，结果，他们的视觉功能比正常人发挥得更好。

这类补偿也可以从习惯用左手，却又没有被当成左撇子的孩子身上看到。他们的右手是十分不适合书写、绘画或做手工艺的。无论是在家里还是在学校里，他们会被逼迫训练不灵巧的右手。但如果好好发挥心灵的引导作用，努力克服先天困难，他们不灵巧的右手也能训练出熟练的动作技巧来。事实证明，许多习惯用左手的孩子在书法、绘画和工艺方面，都比正常人更优秀。根据正确的方法，加上兴趣、训练和重复练习，就能把劣势转化为优势。但这只有愿意接触社会、不太以自我为中心的孩子，才能学会弥补缺陷的方法。一味逃避困难的孩子，一定会继续落后于他人。除非给他们一个极具诱惑的目标，诱惑大到比障碍还重要时，他们才会积极地克服障碍。这是一个兴趣与注意力导向的问题，如果想努力争取某个需要克服体征障碍的目标，他们自然会勤奋地训练自己，让自己有能力实现目标。

在走向成功之路上，困难只是必须扫除的障碍而已，如果他们只知道担心自己的缺陷，没有别的目标，那就不会有真正的进步。幻想无法凭空让笨拙的右手灵巧起来，想要它们灵巧的唯一办法就是训练。只有希望以后做得更好的动机比现在因笨拙而产生的气馁感更加强烈时，手笨的人才会以实际锻炼来让自己灵活起来。如果希望一个孩子有克服困难的力量，他必须要有重要过体征缺陷的行动目标，一个基于对现实和别人感兴趣的目标，一个对合作感兴趣的目标。

在研究肾脏系统缺陷时，我发现了一些关于遗传和性格及其影响的好例子。这些家庭里的孩子一般会遗尿，他们的身体确实有器质性缺陷，这可以从肾脏、膀胱或脊柱裂（spina bifida）中看出来。腰椎附近有痣或胎记，也能表明他们可能有这样的器官缺陷。但器官缺陷却不是尿床的绝对原因，孩子并不是因为器官功能不好才尿床的，而是他们以自己的方式利用着这些缺陷。比如，有些孩子晚上会尿床，但白天却不会尿湿自己。环境改变或父母态度的改变，是能让孩子尿床的习惯改变的。如果孩子不需要利用器官上的缺陷来达到自己的某个目的，除非心智有缺陷的，一般孩子的遗尿症都可以克服。但一般来说，晚上会遗尿的孩子，不仅不想克服这一障碍，反而希望继续保留它。能给他正确指导的，只有经验丰富的母亲，假如母亲经验不足，这种毛病就会一直持续下去。在肾脏系统有疾病或膀胱有疾病的家庭中，常常过度关注和尿床有关的每一件事，一味地想让孩子停止尿床，母亲往往用的是错误的方法。如果孩子发现尿床会让他得到那么多的重视，就可能不想治愈自己。

因为疾病，他有了一个让自己对所受教育不接受的绝好机会。如果孩子对父母的教育非常抵触，必然会想方设法地攻击父母的痛点。德国一个著名的社会学家发现，在罪犯里，很大一部分人出身于压制犯罪的家庭，他们父母的职业大多是法官、警察、狱吏……教师的子女也常常特别顽劣。因为职业，我也常常能发现这样一些现象。而且我还发现，医生的子女中精神病患者和传教士的子女中不良少年的数量都相当惊人。因此，不难理解的一个事实就是，如果父母过分重视孩子尿床，孩子就会用很明确的抵触方法来表示自己也有意志。

另一个遗尿的例子很好地说明了我们是如何利用梦来激发出配合行为的情绪的。尿床的孩子常常会梦见自己已经起床并且走进了厕所，用这种方式原谅自己后，就理所当然地尿床了。遗尿常常只是孩子为了吸引别人注意力的方法，他希望别人听他的，要别人在晚上也像在白天一样关注他。

有时，遗尿是一种敌意的表示，它是反抗别人的方法之一。无论从哪方面来看，遗尿现象都是一种表现自我的方式，很有创造性，他们不用嘴而用膀胱说话。器官的缺陷给了他另一种表明自己态度的方法。

只有处于紧张状态下的孩子才会使用这种方法，他们往往是被宠爱又失去唯我独尊的地位的一群人。也许因为有了弟弟妹妹，难以再得到母亲的全部关心。此时，遗尿是一种可以得到母亲关心的方法，虽然令人很不快，但能有效地说明："我没有你想象中那么大，我还是需要被照顾的……"根据不同的环境或不同的器官缺陷，他们采用的方法也会有变化。利用声音来建立和别人的联系的孩子，一到晚上便会哭闹不安。有些孩子还会梦游、做噩梦、跌下床或口渴吵着要喝水。不过，所有症状的心理背景都是差不多的。如何选择病症，一部分取决于身体状态，一部分取决于环境。

上述例子很清楚地说明了心灵是如何影响肉体的。其实，心灵不仅能影响孩子们选择何种特殊病症，还能支配整体身心建构。关于这个假设，我们暂时还没有直接的论证，且也不易论证，尽管如此，关于这一假设的证据，却是随处可见的。如果一个孩子从小胆小怕事，那么，他的整个成长过程，都会表现出胆小怕事的特质来——从来都不会去想象一下自己能否更加强壮。所以，他不会去锻炼自己以让肌肉更发达，至于其他可以刺激人去锻炼肌肉的信息，他也会全部屏蔽。与其他喜欢锻炼肌肉的孩子相比，他在健美方面总是因为缺乏兴趣而远远地落后于人。通过上述讨论，我们可以总结出：身体素质的发展不仅受心灵影响，而且可以反映出心灵的错误和缺点。我们常常看见，很多身体的表现，是心灵无法找出克服自身困难的正确方法才导致的。譬如，我们已经知道，在四五岁时，内分泌腺本身会受心灵影响，有缺陷的腺体对行为的影响则没有多大的强迫性，反之，外在的环境、孩子接受印象的方向及心灵在自己喜欢的状态下的创造性活动等，却能不断地影响腺体发育。

有一个可能更容易被大家了解和接受的证据，就是更直观、外在的身体语言。因为我们更熟悉它，且它刺激的是主体的短暂表现而不是固定的性格特质。在某种程度上，所有情绪都会表现于身体，每个人的情绪也都会以某种可见形式表现出来，也许是身体的姿势，也许是他的态度，也许是脸部的表情，也许是抖腿或膝盖。比如，脸色变红或转白，说明了他的血液循环已经被影响。无论是愤怒、焦急还是忧愁，身体都会说话，而身体说话时使用的是自己的语言。如果一个人处于惧怕的环境中，有的人会全身发抖，有的人会毛发竖立，有的人会心跳加速，还有的人会冷汗直流、呼吸困难、声音变哑、全身摇晃或者无法迈步，有时甚至直接影响身体健康，例如没有胃口或引起呕吐等。对于一些人来说，恐惧感主要影响的是膀胱的功能，而对于另一些人来说，则是性器官受影响。比如一个尽人皆知的情况就是，很多孩子在考试时会感觉性器官很兴奋，而罪犯在犯了罪之后，常常会去找女性发泄。在心理学里，我们发现，有的心理学家声称性和焦虑紧密相关，有的心理学家却认为它们之间一点关系也没有。其实，他们的观点只是根据自己的个人经验而得出的结论，对某些人来说，它们之间有关联，而对另一些人来说则没有关联。

不同类型的人，导致了不同的情绪反应。在某种程度上，情绪反应模式可能和遗传有关，不同的主体表现也常常提示我们，让我们留意相关个人家族的弱点和特质——同一家族的其他成员，可能会有极为相似的生理反应。然而，最有趣的事却是观察心灵是如何利用情绪来刺激人们的生理反应的。情绪及它所引起的生理反应告诉我们，心灵认为自己处在什么样的环境里，是有利的还是有害的，以此指导要怎么反应和行动。比如，一个发脾气的人会希望尽快地克服自己的愤怒，而对一般人来说，让自己不再愤怒的最好方法似乎就是打击、辱骂或诋毁另一个人。而愤怒对身体器官也会有很多影响，如激发它们的功能，而更多的则是抑制它们的功能。有些人在生气时会犯胃病，有些人则会满脸通红。由于血液循环的改变过大，有时甚至会让人头痛。我们发现，在偏头痛或习惯性头痛背后，常有异乎寻常的愤怒或羞辱。对另一些人来说，愤怒甚至有可能导致三叉神经痛或癫痫性的痉挛。

心灵是如何作用于肉体的，至今尚未被完全探讨清楚，所以我们也无法完全表述清楚。自主神经系统和非自主神经系统，都有可能被紧张的情绪影响。只要我们一紧张，自主神经系统一定会有所反应，人们必然会用某种方式表现自己的反应，有的人会拍桌子，有的人会咬嘴唇或撕纸片等，咬铅笔或吸香烟也是发泄紧张情绪的方式，这些肢体语言告诉我们他已经受不了自己的状况了。在陌生人面前的面红耳赤、手足无措、肌肉颤抖等，都是紧张的结果。紧张能通过自主神经系统传遍全身，所以，人一旦紧张起来，整个身体都会处于紧张中。但这种紧张情绪并不会随时随地都表现得如此清楚，我们所说的只是一些能看出结果的症状。如果我们观察得更仔细些，就会发现，身体的每个部位都会参与情绪的表达，而身体表达又是心灵和肉体交互作用的结果，所以，认真审视肉体和心灵之间的相互活动极为必要，因为它们构成了我们关心的整体。

从上述讨论中，我们不难得到一个结论：生活方式和相应情绪倾向，会不断地影响一个人的身体成长。如果我们有足够的经验，便能预见一个生活模式早就定型的孩子将来的各种身体表现。勇敢者会把勇敢表现在身体里，更强壮的肌肉和更坚定的姿势都会说明他的与众不同。生活方式和情绪倾向可能会在相当大的程度上影响身体的发育，肌肉较为健美的部分原因也与此有关。勇敢者的整体容貌都是与众不同的，不仅面部表情与普通人不同，甚至连颅骨构造也会不一样。

现在，我们已经很难否认心灵对大脑的影响了。病理学中有很多案例都能说明因大脑右半球受损而丧失读写能力的人，通过训练大脑的其他部分，是可以恢复这些能力的。有些脑卒中患者，大脑受损部分完全没有复原可能，尽管如此，大脑其他部分却补偿、承担起了受损部分的功能，大脑的功能因此被恢复了。如果我们希望证明个体心理学可以应用于教育，那么心灵可以影响大脑这点就极其重要了。假如心灵能够这样影响大脑，如果大脑只是心灵的工具——虽然是最重要的工具，但仍然只是工具而已——那么，我们就能找出发展或改进大脑这个工具的方法来。大脑生来就与某种标准不合的人，不一定就无药可救了，只要他能找出方法训练大脑，就能更好地适应生活。

把目标确定在错误方向上的心灵（例如，未努力发展合作能力的人），是无法有益地影响大脑的成长的。我们发现，很多缺乏合作能力的孩子，在以后的生活中，在智力和理解力方面无法得到完整的成长。一个成人的举止，会表现出他四五岁前形成的生活方式对他的影响，我们也能清楚地看到他的先验知觉和他对生命意义的定义，因此，我们知道他会遇上什么样的障碍，知道怎么帮他矫正自己。就个体心理学的这方面来说，我们已经迈出了第一步。

## 心理特征和身体类型

许多学者都曾指出：在心灵和肉体的相互作用之间有一种恒定的关系，但似乎没有谁找出过二者之间的确实关系来。例如，德国精神病学和心理学家恩斯特·克雷奇默（Ernst Kretschmer）曾说过如何从身体的结构中看出一个人的心灵是哪一类的，这样，他就把人分成许多类型，比如，圆脸、短鼻而有肥胖倾向，如恺撒大帝所说的：

我愿周围的所有人都很健壮，
脑袋光圆，通宵酣睡。

克雷奇默认为，这样的体格和某些心理特征有关，但他却没有说明两者为什么会有关联。根据我们的经验，有这种体格的人一般不会有什么身体缺陷，他们的身体状态非常合乎我们主流文化审美。他们觉得自己不比别人差，对自己强壮的身体十分有信心。如果要和别人角力，他们也能全力以赴，毫不紧张。他们不会把别人当成敌人，也不会感觉自己在充满敌意的生活里挣扎。心理学中的某一派别称他们为“外向者”，却没有说明为什么这样称呼他们。我们认为他们是外向者，是因为他们从来不曾为自己的身体焦虑过。

克雷奇默把另一种相反类型的人归为神经质的人。有的人很瘦小，他们通常是高高瘦瘦的，鼻子很长，脸型则呈椭圆形。他认为这种人保守而善于自省，患的大多是精神分裂症。他们是恺撒大帝所说的另一种类型：

荣·卡修士一副枯瘦的饿鬼样儿，
他心机太重，这样的人很危险。

这种人很可能一直深受生理缺陷之苦，成人后变得自私、冷漠、悲观、内向。也许，他们需要的帮助比别人多，如果别人对他们的关心不够，他们会心怀怨恨、疑神疑鬼。虽然如此，克雷奇默还是承认：我们发现，许多人都是混合类型的，即使比较肥壮的人，也会有属于瘦长型的人的心理特征。不难了解，假如环境以另一种方式加给他们很多负担，他们也会变得胆小怕事、心情沮丧。通过有系统性的打击，我们可以把任何一个孩子变成神经质的人。

如果我们经验丰富，便能从各种表现中看出一个人合作能力的强弱。由于不知道能合作到什么程度，所以人们一直在找可以展现一个人合作能力的特征。生活不断提高我们的合作需求，而我们凭直觉而非科学实证也看到了一些暗示，这能指导我们在混乱的生活中更稳妥地进行选择。每一次历史大变革前，人类的心灵都知道需要变革了，而我们的努力奋斗，就是要促进变革成功。但奋斗如果仅仅靠本能来决定，便很容易犯错误。同样，人们一般不喜欢身体特征古怪的人，例如形体残缺或驼背的人。虽然还不太了解他们，但人们已经武断地认为与他们合作太困难。这虽是一种很大的偏误，但他们的判断，其实是以自己的经验为基础的，且到目前来看，还没有发现什么好方法可以加强大家与他们合作的意愿度，被过分强调了缺点的他们，成了大众偏见的牺牲品。

现在，我们可以总结下，在人生开始的四五岁间，孩子在统一自己心智，以及让心灵和肉体建立核心关系方面的努力。他形成了一种固定的生活模式及相应的情绪和行为习惯——他的成长包括了或多或少、不同程度的合作。从一个人合作能力的强弱，就可以判断和了解一个人。失败者身上最常见的共同点是他们的合作能力非常差。现在，我们可以进一步定义个体心理学了：个体心理学就是理解合作中的缺陷及其产生的原因。精神是一个有机的运转整体，而人的生活模式会自始至终地表现在他的行为和态度上，因此，个人的情绪和思想，会和生活模式完全一致。倘若我们发现某种情绪明显出了问题，背离了个人主观意愿上的利益，光改变这种情绪是没有任何用处的，因为情绪是个人生活方式的正常表现，只有改变了生活模式，才能从根本上改变这些情绪。

在这一方面，个体心理学对教育和治疗的未来给出了一个特殊的启示。我们绝不能只治疗一种病症或某种单一的表现；我们必须发现这个人选择自己生活模式时所犯的错误，找出他解释自己的经验时，定义生命意义的错误，以及他读取身体和环境印象后做出的回应中的错误，这才是心理学真正该做的工作。至于用针去扎孩子以看他能跳多高，或搔痒以看他能笑得多响，虽然这些事实上也能告诉我们某些和个体心理有关的东西，但这也只限于提供足以证明固定而特殊的生活模式存在的证据而已。这些实在算不得心理学，偏偏在现代心理学界，这种做法非常普遍。

生活模式才是心理学的主要题材和研究对象，而研究其他课题的心理学家则致力于发掘生理学和生物学的内容，这特别适合那些研究刺激和反应，努力找出精神创伤或可怕经历的根源，检测遗传因素且观察这些因素会如何发挥作用的人。然而，在个体心理学中，我们只考虑心智本身，即一体化的精神本体。我们研究的是个人对世界和自己的定义，是他们的目标、他们努力的方向，以及他们处理人生问题的方式等。迄今为止，我们了解个体心理差异的最好方法，就是观察他合作能力的强弱。

# 第三章

# 自卑感和优越感

# 自卑感

“自卑情结”这个个体心理学的重大发现之一，已经驰名于世了。许多学派的心理学家都采用且在实践中使用了这一术语，但我却不敢肯定他们是不是真的了解或准确无误地使用了这一术语。例如：对病人说他有自卑感是没有任何意义的，这样不仅无法帮他克服自卑感，反而会加重他的自卑感。我们必须找出他认为的人生缺失，在他缺少勇气的时候鼓励他，才有可能真正地帮助到他。每一个神经官能症患者都有自卑情结，所以，自卑情结的有无，并不能把某一个患者和其他患者区别开来。如果我们马虎地告诉他“你现在被自卑感困扰着”，那么根本无济于事，这就好比对一个头痛的病人说：“我知道你有什么病，你头痛！”

被问到是否觉得自卑时，许多神经官能症患者都会摇头说：“没有。”有些甚至会说：“你说反了，我感觉周围的人还不如我呢！”所以，我们根本不用问他们是否自卑，只需要观察他们的个人行为。行为会告诉我们一个人会用什么伪装来证明自己是很了不起的。假如我们看到的是一个傲慢自大的人，那么，我们就可以推测出他的感觉：“别总瞧不起我，我一定会让你们看看我是什么样的人物！”假如我们看到一个说话时手势、表情过多的人，我们也能推断出他的感觉：“如果不反复强调，谁会注意听啊！”我们相信，所有盛气凌人的言行背后，都有一种必须特别努力才能消除的自卑感。就如怕别人感觉自己个子太矮，要踮起脚尖走路以显得高一点的人一样。

在注重身高的孩子身上常常可以看到这种行为。如果问他："你是不是觉得自己太矮了？"千万不要指望他会承认这一事实。

因此，并不能因为一个人有强烈的自卑感，就认为他一定是柔顺、安静、拘束且与世无争的人。自卑感表现的方式是五花八门的，也许，我用三个孩子初次进入动物园的故事能说明这一点。三个孩子站在狮子笼前面时，一个孩子躲在他母亲的背后，全身发抖地说道："我要回家。"第二个孩子脸色苍白地站在原地，声音颤抖地说："我一点都不怕。"第三个孩子目不转睛地盯着狮子问："妈妈，我能不能向它吐口水？"其实，在这样的环境中，三个孩子都害怕极了，但是每个人害怕的表现，因为人生态度的不同而有了不同。

我们每个人多多少少都有点自卑感，只是程度不同而已，因为我们发现，自己还是希望所处的环境更好一点，如果我们有足够的底气，那么，我们就能用直截了当、见效神速的方法迅速改善环境，来消除我们的自卑感。没有人能长期忍受自卑的折磨，自卑感会让人们寻找解除自己的紧张状态的出路。即使一个人已经灰心丧气了，他认为再怎么脚踏实地也无法改善自己的处境，他也受不了自己的自卑感，仍然会想方设法摆脱这些感觉，只不过此时他所采用的方法未必能真正地帮助自己，虽然他的目标仍然是"克服困难"，但他所做的事却不再是设法克服障碍，而是用一种虚假的或错位的优越感来麻醉自己，但在这样的麻醉中，自卑感却与日俱增，因为这样的麻醉一点效果都没有。由于产生问题的根源没有消除，他为克服自卑感而做的每一件事，都会让他在自欺欺人这条路上越走越远，而所有压在他身上的问题，也会变得越来越沉重。如果我们只能看见他的行为而不能理解这些行为背后的意义，我们只会以为那些行为是漫无目的的。就我们对他的表面印象来说，他似乎没有改善自身处境的意愿，虽然他和其他人一样，也在竭力让自己过得更好一些，但是，他却对改变客观环境不抱任何希望，那么，他所有的行为就变得没有意义了。如果觉得自己软弱，他会跑到能让自己觉得强大的环境中去，不是把自己锻炼得更强壮、更有适应力，而是欺骗自己，让自己眼中的自己显得更强大。他这种方法不会永远都有效。如果他感觉自己无法胜任工作，那么，他可能会在家里发威来重新肯定自己的重要性。无论他怎么自欺欺人，真正的自卑感仍然如影随形。一旦遇到的情况和过去导致他自卑的相似，自卑感就会被激发，它们是他精神生活中长期潜伏的暗流。出现这种情况时，我们便可以真正地说一个人有“自卑感”了。

现在，我们可以给“自卑感”一个准确的定义了：一个人遭遇到自己无法解决的问题并且认为自己根本无法解决这个问题时，出现的情绪就是自卑情绪。根据这一定义，我们可以发现：愤怒、眼泪和道歉一样，可能都是自卑感的表现。由于自卑感会让人极度压抑自己，所以需要用优越感来缓解这种压抑，但这无助于问题的解决，因为我们往往只会在没有用的地方争取优越感，真正的问题却被搁置一边。如果一个人十分自卑，那么，他就会苦心孤诣地避免失败，而不是追求成功。稍有困难，就会犹疑不决、不知所措，甚至打退堂鼓。这在广场恐惧症患者身上能很明显地看出来，他们持有这样一种观念：“我不能走太远，必须待在熟悉的地方。生活处处都有危险，我应该尽量躲起来。”如果一个人持有这种态度，他就会把自己关在房间里，或一直躺着不肯下床。

面对困难时最彻底的退缩表现就是自杀。产生自杀倾向的人，放弃了所有生活问题的解决之道，他相信自己已经无力回天。如果我们知道自杀是一种谴责或报复的话，就能理解自杀者是如何争取自己的优越感的。在每个自杀案件中，我们都会发现，死者一定会把自己的死亡归罪于某一个人。仿佛在说：“我是所有人类中最脆弱、最敏感的人，但你们却对我这么残忍！”为了避免跟整体环境的接触，每一个神经官能症患者都会限制自己的活动范围，唯一的差别是强弱程度不同。他喜欢和自己必须面对的现实问题保持距离，且把自己局限于自己可以控制的环境里，为自己造一间狭小的牢笼，关上门窗，就能远离一切自己不能解决的问题。在他可以控制的地方，会怒吼呵斥，还是会满腹牢骚，就看他的修养了。自卑的人为了更快地达到目的，他会选出最好、最有效的方法。如果觉得某一种方法不够好，也会试另一种。但无论他用什么方法，目的却是一样的——不是努力改善自己的处境，而是为了获得优越感。如果一个孩子发现眼泪是控制别人的最佳武器，他就会变成爱哭的孩子，而爱哭的孩子长大后又很容易患上忧郁症。带有水性力量的眼泪和抱怨，是一种有效的破坏合作、驾驭他人的武器。使用这一武器的人和过度害羞、忸怩作态及有负罪感的人一样，会愿意承认自己软弱，承认自己照顾不好自己，但这些行为背后，隐藏的是自己耿耿于怀的超越目标和不惜任何代价都要凌驾于别人之上的欲望。一个喜欢吹牛的孩子，他的自大情结会成为他给别人的第一印象，但如果我们观察他的行为而不是听他的言论，很快便能发现他同样有着自己所不愿意承认的自卑情结。

所谓“俄狄浦斯情结”（Oedipus complex），其实只是神经官能症患者“画地为牢”的一个特例。如果一个人不能勇敢地面对自己的爱情问题，就无法成功地克服恋母情结。如果他只在家庭这个小圈子里活动，那么，他也只能在这个范围内设法解决性欲问题，这并不是什么奇怪的事。因为缺乏安全感，所以除了最熟悉的少数几个人外，他无法再关注别的人。他害怕与别人相处，因为他担心没法以自己习惯的方式来面对一切。有恋母情结的孩子大多数是被母亲宠坏的孩子，从小到大的教育经历让他们相信：自己天生就有欲望被满足的权利，他们从来不知道可以凭着自己的努力，在家庭之外赢取温暖和爱情。所以，即使成年后，他们仍然得抓着母亲的围裙带生活。他们在爱情里寻找的，不是平等的伴侣，而是可以使唤的仆人，而最能让他们放心的仆人就是他们的母亲。任何孩子身上都可以诱发出俄狄浦斯情结，只要让他的母亲宠他、惯他，不让他关注其他人，让他与父亲冷漠相处，让他得不到父亲最正常的关心。

各种神经官能症患者都有某些行为限制。我们可以从口吃者的话语里看到他的犹疑，残余的社会感使得他渴望和同伴交往，所以他很想找别人说说话，但他的自卑心理使他害怕与别人交谈，这和他的社会感多么冲突啊，所以他说起话来就结结巴巴的。学校里的“差生”、30多岁了还找不到工作的青年、一直怕谈婚论嫁的年轻人、重复做出同一行为的强迫症患者、白天总是精神萎靡的失眠症患者等，都有着深深的自卑情结，这种情结使得他们不愿意解决生活中的实际问题。有手淫、早泄、阳痿和性变态的人，生活态度都有重大问题，而这些问题都是他们在与异性的交往中得不到满足感而导致的。如果我们问他们：“为什么会这么害怕行为不当？”唯一的答案是：“因为把自己的目标定得太高了！”

我们已经说过，自卑感本身并没有不正常，相反，恰恰因为自卑，人类才会致力于提升自己，文明也才得以进步。例如，因为发现自己无知，发现了自己对预测未来的需要，科学才大行其道，因为科学为人类改进了整体生活环境，要更加了解宇宙也离不开科学，科学是我们因希望更好地控制自然而努力奋斗的成果。其实，在我看来，整体人类文化的发展都是以自卑感为基础的。如果有一位客观的外星人来到我们的地球，肯定会得出这样的结论：“从人类的各种协会、机构和设施，就可以看出他们为安全感做出的一切努力，如为了防雨而建造屋顶，为了保暖而穿上衣服，为了交通便利而修建街道——显然，他们都觉得自己是地球上所有居民中最弱小的群体！”就某些方面来说，人类确实是动物中最弱小的群体，没有狮子和猩猩的强壮，也不像别的动物那样能独立面对生活的困难。虽然有一些动物也会因为自身不够强大而聚集在一起，成群结队地生活，但就合作的程度来说，人类却比其他动物更多、更深刻。人类的婴儿极度弱小，需要多年的照顾和保护。每个人都是从最弱小、最幼稚的婴儿长大的，如果人类没有合作，便只能任由环境宰割，所以，我们不难理解，如果一个孩子不在学习合作中训练自己，一定会越来越悲观，陷入难以摆脱的自卑感里。我们也明白，生活就是一个不断解决问题的过程，即使最有合作精神的人也不例外。没有哪一个人会觉得自己已经强大到可以左右任何环境的程度。生命太短，而我们的身体又太脆弱，但关于人生的三个现实问题，却不断地要求我们寻找更多更完美的答案。我们只能不断地接近答案，所以我们永远无法满足于自己已有的回答。无论如何为寻找终极答案而进行的努力是要永远继续下去的，但是只有热爱合作的人，才会进行有希望、有贡献的努力，真正地改善我们所处的环境。

毋庸置疑，我们永远无法实现人生的最高目标。想象一下，如果一个人或全部人类，在一个完全没有困难的环境中生活，一定会非常无聊。在这里，任何事都在意料中，一切都可以提前计算好，明天不会发生任何意外，未来也没有什么好期待的，这样的生活得多无趣啊。其实，生命的最大快乐，恰恰是让我们痛苦地缺乏确定感。如果我们能确定所有事，我们对每一件事都了如指掌，哪还用得着讨论和发现？这儿是科学的末路，宇宙的故事也只值得述说一两次。让我们想象未实现目标的喜悦的艺术和宗教，也不再有任何意义。幸好，生命并不那么容易耗尽，所以人类才能永不停歇地奋斗，我们也能够一直不断地发现新问题，并创造出合作和奉献的新机会。但有神经官能症的人，成长之初就已经遭遇了挫折，所以他解决问题的方式始终非常低级，所以他的困难要比一般人大。正常人循序渐进地解决问题，能接受新问题，也能给出新答案，因此能对别人做出贡献，他不会心甘情愿地落后于人而成为他人的负担，不需要也不要求特殊关照，因为他可以根据自己的社会感，独立而果断地解决问题。

## 优越感的目标

每个人追求的优越感，都为个人所独有。它取决于一个人对生命意义的定义，而这种定义会像他自创的奇妙旋律一样，反映在他一生的生活态度里，而不仅仅是口头禅。但他的生活态度并不能传达出他的人生目标，所以我们没法对它做总结性的诠释。他的表现非常模糊，所以我们只能根据他的一举一动来推测。了解一个人的生活态度就像了解一位诗人的作品一样。诗人用的是文字，但意义却远远超过了文字，绝大部分意义需要我们在字里行间推敲出来。而人生是一件最深奥、最复杂的作品，因此，心理学家必须学会在人们的生活态度里观察一个人对生命意义的定义，换句话说，他必须学会欣赏生命意义的艺术。

早在四五岁前，一个人已经定义了他的生命意义。这并不是通过精密数学运算得出的答案，由于对整体不了解，只能像盲人摸象一样，凭感觉捕捉到一点印象后，做出自己的解释，然后形成了对生命意义的定义。那么追求优越感同样是在摸索和推测中确定的，它不是描在航海图上的某个固定点，而是我们毕生追求的目标，是我们努力奋斗的原动力以及人生发展的动态趋向。没有哪一个人完全知道自己的优越感目标在何处，也许他知道自己的职业目标，但这不过是他奋斗目标中的一小部分而已。即使目标已经十分清楚，到达目标的道路也有成千上万条。如果一个人想要做医生的话，就必须了解医生的许多必备素质。他不仅需要成为内科学或病理学专家，还需要用自己的言行举止告诉别人，他特别关注自己和别人的身体健康。我们能看出他为了救助别人而对训练的专业素质有多高，也可以看出他的专业救助极限在何处。他把这一目标作为某种特殊自卑感的补偿，而我们也必须从他的职业表现或在其他地方的表现，推测出他想补偿的特定自卑感。

比如，我们经常发现，很多医生在童年时便见证了真实的死亡，而在人类没有安全感方面，死亡给他们留下的印象最深刻。也许父母或兄弟的早逝，使得他们的学习和成长倾向于为自己或别人找出更有效的、更能对抗死亡的方法。有一些人也许会希望成为一名教师，但我们必须知道，教师之间的差异是非常大的。如果一个社会感很低的人做老师，那么，他当教师的目的很可能只是想管辖比他弱小的人，也许，只有和那些体格比他弱、经验比他少的人在一起，他才会有安全感。社会感强烈的老师会平等地对待自己的学生，他是真正想为人类幸福做贡献。在此，我们还要特别注意的是，教师之间不仅能力和兴趣的差异非常大，他们的目标对他们的言行表现的影响也很大。目标一旦明确，个人潜能的发挥就会为了适应目标而有所调整和限制。但整体基础目标，会在这些限制之下曲折前进，且会找到一种方法，使自己对生命意义的定义和争取优越感的最终理想，无论在什么情况下都能表现出来。

因此，我们要想了解一个人优越性的目标，就必须观察他隐藏的本质，一个人可以改变实现目标的策略，正如他可以改变职业一样。我们必须找出最根本的一致性，即他的人格主体。无论是用什么方式表现，这一主体都是统一的。就像我们把一个不规则三角形根据不同的角度放在不同的地方，那么，我们在每个地方看到的三角形似乎都不一样。但是，无论把它放在哪儿，也无论用什么方法来摆放它，它都是同一个三角形。

个人的基准目标也一样，单一的行为举止，无法说明一个人的全部情况，但我们可以透过综合表现看清一个人。我们绝对不会对一个人说："如果你做了这些事或那些事，你所追求的优越感就会被满足。"追求优越感的过程充满了不确定性，一个人身体越健康，心理越正常，在努力实现某个奋斗目标遭遇挫折时，越善于寻找新的出路。只有神经官能症患者在追求目标时才会认为："我必须如此，否则我会一无所有。"

追求优越感时发生的任何特殊情况，都不应该轻易被公式化，但我们发现，所有满足优越感的目标都有一个共同点——努力成为上帝。有时，我们会看见孩子公开表示说："我想变成上帝。"很多哲学家也有这样的想法，很多教师也渴望将孩子教育成上帝。古老宗教信条里同样有这个目标：教徒们必须修炼自己，把自己变成神一样的存在。"超人"观念就是"变成上帝"的温和表达方式。据说，德国著名哲学家尼采（Nietzsche）疯了以后，给勃兰兑斯写的信里的署名，曾有一个是"被钉在十字架上的人"（the Crucified）。

狂人往往会不加掩饰地表现自己的优越感目标，他们会公然宣称"我是拿破仑"或"我是中国皇帝"。他们希望自己成为世界关注的中心，成为被众人景仰膜拜的人；成为用无线电就能随心所欲地联系整个世界，知道他人全部信息交流的、能预测未来的人；成为有特异功能的人。

"变成上帝"这一欲望，也许会以较为合理的方式表现出来，比如渴望知道每一件事、渴望拥有宇宙智慧或渴望长生不老等。无论我们是希望尘世生命长生不老，还是我们想象自己通过轮回，一次又一次地来到人间，又或是我们知道自己可以在另一个世界里永垂不朽等想法，都是以"变成上帝"的欲望为基础的。在宗教教义里，只有上帝才是不朽的，才能历经百千万劫而永恒地存在。我不在这里讨论观念的是与非，这些都是对人生的理解，是生命的"意义"。

在某种程度上，我们其实都有这种意识——成为神，或成为神一样的存在。甚至连无神论者，也希望征服神，能比神更高一筹。我们可以看出，这其实是一种特别强烈的优越感目标。

一旦确定了优越感目标，生活态度方面就不再有错误。一个人的任何习惯和行为，都是他实现具体目标的正确方法。每一个问题儿童，每一个神经官能症患者，每一个酗酒者、罪犯或性变态者，都是在用一种特殊的行为，来追求他们理想中的优越感。他们无法批判自己的病症化的行为，有什么样的优越感目标，就有什么样的病症化行为产生。

学校里有个男孩，堪称班上最懒惰的学生，有一次老师问他："你的功课为什么总是这么差？"男孩答道："如果我是班上最懒的学生，你就会一直关心我。你从不会注意好学生，他们在班上不捣乱，功课又做得好，你怎会关注他们？"只要他的优越感目标是引起和控制老师的注意力，这个方法就绝对有效，根本不可能指望他不再懒惰，因为他要用懒惰实现自己的目标。就这一点来说，他做得完全正确，如果他改变了自己的行为习惯，便不会引起老师的注意。

有一个在家里非常听话，却显得傻乎乎的男孩，在学校成绩不理想，在家里也不够聪明。他有一个比他大两岁的哥哥，生活态度和他完全不一样。哥哥既聪明又活泼，但总因为莽撞而麻烦不断。一天，他对哥哥说："我宁愿笨一点儿，也不想和你一样冒失！"如果我们知道他是为了避免麻烦的话，那么他的愚蠢实在非常明智。由于他的愚蠢，别人对他的要求就没那么高，即使犯了错误，也不会因此受责备。如果知道他的目的，就知道他不是傻，而是在装傻。

直到现在，对于这种错误优越性目标症状的一般治疗还都只是消除症状，但无论从医疗方面还是教育方面来看，个体心理学都反对这种做法。如果我们只从表面上看到某个孩子的数学成绩不好，或其他功课做得很差，为了提高他的学习成绩所做的一切行为，可能都是无用功。也许他只是想为难老师，甚至想借着被开除而离开学校。假如我们只想纠正他的表面行为，阻止他继续毫不努力，他就会另辟蹊径以实现自己的目标。

这和成人的神经官能症是一样的，假设一个人有偏头痛，这种头痛对他非常有用，当他需要这一疾病时，偏头痛就发作了。因为头痛，所以可以避免很多社交问题，每当需要会见陌生人或做出新决定时，他的头痛便会发作。而且，因为有病痛，所以他可以对同事、妻子或其他的家人滥发脾气。既然工具这么有效，我们怎么能够指望他放弃呢？在他看来，头痛是一项明智的创造，自己希望得到的一切，都要靠它来实现。毋庸置疑，如果我们给他一个合理的症状理解，一定可以吓着他的“疾病”。药物治疗也能缓解他的症状，让他不能再用某个特殊症状来达到自己的目的，但是，只要他不改变自己的优越感目标，即使是放弃了这一种病，也会选用另一种。“治愈”了头痛，又会患失眠症或其他新病。只要目标没有改变，他就会不断找出新毛病来。

有一些神经官能症患者，在某些病症瞬间消失后，马上会患上新的疾病。他们是利用神经官能症的老手，可以随时随地增加新的病症。让他们阅读心理治疗方面的书籍，只会让他们知道自己还没有试过的神经官能症困扰而已。因此，我们必须注意的是他们选用某一病症的目的，以及这种目的与优越感目标之间的关联。

假如在教室里，我搬来一架梯子，然后通过它爬到黑板顶处坐着，每一个看到我这么干的人很可能都会想：“阿德勒博士疯了吧？”他们不知道我为什么用梯子，为什么要爬上去，为什么要坐在那样一个奇怪的地方。但如果他们知道“他坐在黑板顶上，是因为如果所处位置没能高过别人，他就会十分自卑，因为他只有在能够俯视学生的地方才有安全感”，他们就会认为我没那么神经病了。

我只不过用了一种十分理性的方法来实现自己的目标，拿梯子是件再顺理成章不过的事了，爬梯子的行为也只是计划。只有一点让我显得很疯狂，那就是，我对优越感的理解太奇葩了。假如有人能让我相信自己的优越感目标是非常荒唐可笑的，我也许会改变自己的行为。但是，假如我的优越感目标不变，就算拿走我的梯子，我也会用椅子或其他工具爬上去。如果把工具也拿走，我会跳到更高一点的地方、爬到更高一点的地方，或者踮起脚尖站着，以使自己显得更高一点。每个神经官能症患者都是这样的，选择任何达到目的的方法都没有错，无可指责。我们能帮助改进的是他们希望实现目标，而不是方法。目标一改变，思维习惯和态度也会跟着改变。当从前的习惯和态度无法实现自己的新目标时，他就会改变自己的习惯和态度。

一位三十来岁的女士找到我说，她深受无法与人交往的困扰，工作上一事无成，无法养活自己，这么大年纪了还得靠家里养着，所以十分焦虑。偶尔她也会从事打字员或秘书之类的工作，但不幸的是，无论她在哪儿工作，老板总是喜欢对她献殷勤，心怀不轨，弄得她左右为难，只好离职。但有一次，她终于找到一份老板对她没什么兴趣的工作，原本应该好好干下去的她，却因为感觉不被重视，所以没干多久又辞职了。她已经进行了八年左右的心理治疗，但是，这些治疗几乎没有什么效果，她的交际能力依然差得让她无法找到一份合适的工作。

在她接受我治疗的时候，我问起了她对童年的最早记忆。不懂得童年影响的人，是不可能了解成人的。她告诉我她是家里最小的女儿，长得十分漂亮，在家中深受宠爱。那时，她的家境也很好，因此对她十分纵容，几乎有求必应。听到这些情况后，我感慨道："你真是像公主一样，被照顾得无微不至啊！""是呀，"她回答道，"那时候所有人都叫我公主！"我问她记得的最早的是什么事时，她说：“记得四岁的时候，有一次，我走到外面去玩，看见很多孩子在玩一个游戏，他们会时不时就跳起来大叫一句‘女巫来了’，弄得我十分害怕。回到家后，我问一个年长的女仆，这个世界上是不是真的有女巫。她说：‘真的有，到处都有女巫、小偷和强盗跟着你。’”从此以后，她患上了分离性恐惧症，这种恐惧笼罩了她的生活，她害怕孤独，害怕一个人在家里待着，害怕离家独自生活，她时时刻刻都需要家里人的支持、帮助和照顾。她的另一段早期记忆和一位男性钢琴老师有关，她说：“有一天，我在弹琴时，他突然想吻我，我没法再弹琴，只好跑去找我母亲告状。从那以后，我再也不想弹钢琴了。”在这里，我们不难发现，她很早就有了要和男人保持距离的意识，所以她在性意识方面的目标是以排斥爱情来保护自我的，她认为恋爱是一种让人变得脆弱的行为。

我必须提醒一下读者，很多人坠入爱河后，都会感觉自己变得很脆弱。就某些方面来看，他们没有错。我们恋爱后，会变得很温柔，而我们对爱人的依恋和关注，也会给我们带来很多烦恼和伤害。只有把永不示弱、永远不表露内心的真实情感当作优越感目标的人，才会逃避爱情关系中的相互依赖。这类人永远排斥爱人，也不接受被爱。你会发现：一旦感觉自己有坠入情网的危险时，他们就会破坏关系的发展趋势。他们会讥笑、嘲讽并揶揄那些可能会让他们坠入爱河的人，以逃避某种软弱的感觉。

一涉及爱情和婚姻的问题，这个女孩就会感觉自己很软弱，所以，如果工作时有男人向她求爱，她便会惊慌失措，除了逃避外无计可施。在她学会如何应对这些问题之前，父母就相继去世了，公主待遇一去不返。她想找亲戚来照顾自己，但相处过程却十分不顺利，没过多久，亲戚就非常讨厌她了，不愿再给予她想要的关心。她十分生气，可是诅咒完他们，又可怜巴巴地说，如果丢下她不管，她随时都会有生命危险。费尽思量，她才终于避免了没人理睬的凄凉。

我相信，如果她的家里人彻底不管她，她一定会发疯的。因为她实现优越感目标的唯一方法，就是迫使全家人供养着她，帮她应对所有的生活问题。她内心始终有这样一种幻想：“我不属于这个世界，我属于另一个世界，我是那儿的公主。这个破地球根本不懂我，不知道我的重要性。”再这样发展下去，她非成疯子不可，不过，她还是有一点理性的，也还能得到亲朋好友的照顾，所以她还没彻底成为疯子。

另一个例子也能很清楚地看出自卑情结和优越情结，这个例子和一个十六岁的女生有关。她的父母长期不合，她两岁的时候，他们离婚了，母亲把她交给了外祖母，外祖母很宠爱她。她出生时，正是父母间的争执白热化阶段，所以母亲并没有因为她的到来而高兴，相反，母亲从未喜欢过她，她们之间的关系一直很紧张。从七岁起，她便开始偷窃，十二岁便和男孩一起夜不归宿。

女孩被送到我这里来后，我很友善地和她交流，她告诉我：“其实我不喜欢偷东西，也不喜欢和男生一起四处闲逛，我就是想做给我妈看，让她知道她管不了我！”“你这样做是为了报复吗？”我问她。“我想，是这样吧。”她答道。她想证明自己比母亲强，但她之所以有这一目的，是因为她觉得自己比母亲软弱。她感到她母亲不喜欢她，所以饱受自卑情结折磨。她认为能表现自身优越感的唯一办法就是到处惹是生非。孩子的偷窃或其他不良行为，经常都是为了报复让自己自卑的一切。

还有一个例子，有一个十五岁的姑娘失踪了，八天后大家才找到她，把她带进了少年法庭。她在法庭上编了一个故事，说自己之所以失踪八天，是因为一个男人绑架她后把她捆起来关了八天。大家都知道她在说谎，医生私下与她交谈，希望她说出实情。见医生不相信自己，她非常恼怒地打了医生一记耳光。我看到她后问她以后有什么打算，并且让她知道我关心的是她的幸福和能为她做点什么，她的态度才柔软了下来。我让她告诉我一个她做过的梦，她笑了笑，告诉了我这个梦："我梦见从一家地下酒吧里走出来，先是遇见了我母亲。不久，我父亲也来了。我叫我母亲把我藏起来，别让我父亲发现我……"梦境显示了她对父亲的惧怕，她一直在反抗他、躲避他。因为怕被惩罚，只好不断说谎。对于任何有撒谎情况的个案，我们都必须看当事人是否有过分严厉的父母。除非说真话非常危险，否则说谎毫无意义。当然，我们也能看出这个女孩与母亲的关系还算不错。后来，她告诉我有人引诱她到了一个地下酒吧，她在那里待了八天。因为害怕父亲知道，所以不敢说实话，但她想报复父亲的想法，又使得她希望他知道自己的失踪。她觉得自己一直被父亲压制着，只有伤害父亲才能让她有某种优越感。

我们怎么做才能让这些人知道自己追求优越感的方法是错误的呢？如果我们知道追求优越感是人类的共性，那么，问题就不难解决了，我们会换位思考，理解他们的挣扎。他们犯的唯一错误，就是奋斗目标没有实际意义。每个人的行为背后，都隐藏着对优越感的追求，它是我们对社会做出贡献的源泉。人类的整个活动都沿着这条伟大的行动线——由下到上，由负到正，由失败到成功——向前推进。但只有那些能真正解决自己生活问题的人，只有那些为了他人利益而前进的人，只有那些为了社会发展而奋斗的人，他们的超越和前进，才能让别人也受益。如果我们用这种正确方法来与人沟通就会发现，其实说服别人，让他们发现自己的错误并不难。人类对价值和成功的所有判断，最终都是建立在合作基础之上的，这是我们最伟大的共同点。我们之所以对行为、理想、目标、行动和性格特征有各种要求，就是因为我们希望得到更好的合作。我们绝对不会找一个完全没有社会感的人合作，这是个公开的秘密，即使神经官能症患者和犯罪分子也知道。关于这一点，可以从他们拼命为自己的所作所为辩解，动不动就推卸责任的行为中发现。但他们的价值观和行为模式偏离了正常的人生轨道，自卑情结让他们认为别人根本不会与他合作。他们逃避真正的生活问题，和虚无的阴影作战，用堂·吉诃德式的安慰来重新肯定自己的力量。

人类社会劳动的分工各不相同，每个行业都有自己的具体目标。我们说过，在某种程度上，每种目标都有一定的偏差，如果我们要从鸡蛋里挑骨头，那总能找出些什么来吹毛求疵。但人类的合作，需要各方面精英人士的共同参与才能完成。对于一个孩子来说，他的优越感可能来自自己的数学天赋；但对另一个孩子来说，优越感却来自艺术天赋；而对第三个孩子来说，体力过人就是他的优越感。一个消化不良的孩子，可能会认为自己所面临的问题主要是营养问题，所以他会非常关注食物营养，以改善自己的身体状况，最后，他可能会成为一名高级厨师或营养学家。我们发现，各种特殊目标里都有这样一个共同点：与缺陷弥补一起的，还有一些不可能的、突破自我局限的训练目标的达成。比如哲学家需要时不时离开人群，才能独立思考和创作。看上去似乎不太懂得合作，但如果他的优越感目标中的社会责任感非常高，就不会犯多大的错。

# 第四章

# 早期记忆

一个人为满足优越感而做出的努力，是决定他整体人格的关键，所以，在个人精神生活中的每一个关键点上，我们都能看到这种努力。知道这一点，对我们了解一个人的生活态度有两大帮助：一是个人的任何行为都不影响我们的研究，无论我们选了哪一种行为，结果都殊途同归——发现与他主体人格一致的行为动机；二是我们的研究素材也更丰富。一句话、一种想法、一种感觉或一种姿势，都能加深我们对行为主体的了解。我们在判断一个人的表现时，因为轻率而犯的任何错误，都可以通过他的其他行为来纠正。除非我们把某种表现视为整体的一部分，否则我们就无法确定它的真实意义。而每件表述着同样意义的事，会引导我们找到那个与其优越感目标一致的答案。我们就像一群考古学家一样，在陶器碎片、古代工具、建筑物的断垣残瓦、破败的纪念碑、古本残页中寻找已经消失的城市的生活。不同的是，我们研究的不是已经消失的东西，而是人类的精神结构。换句话说，就是把一个人过去的人格活动重现。了解一个人并不是一件容易的事。在所有的心理学中，个体心理学可能是最难学习和应用的。我们必须全神贯注地寻找整体人格，且必须心存怀疑，直到找到破解问题的关键点。我们必须从诸多细节中寻找线索，比如一个人进入房间的方式、他祝贺我们时握手的方式、他微笑的样子、他走路的姿态等。在某一点上，也许我们会迷失方向，但是其他线索却可以马上纠正或肯定我们的判断。心理治疗本身就是一个与合作有关的练习和试验，只有真正关注患者，才能将他治愈。我们必须设身处地地为患者着想，必须把他的生活态度和面对的问题一起研究。他也必须尽自己的全力，来加深我们对他生活常态的了解。即使我们认为自己已经十分了解他了，也不能证明我们的判断是对的，除非他也十分了解自己。不能放之四海而皆准的真理，一定不是真正的真理，它显示出我们的了解还不够。也许是因为不知道这一点，所以其他学派才会提出个体心理治疗从不谈论的“正负移情”等概念。对于一个骄横成性的患者，放纵或许更能赢得他的好感，但他的控制欲也会更加膨胀。如果我们怠慢他或忽视他，就很容易引起他的敌意，他很可能因此中止治疗，或希望我们道歉，以证明他的行为是正确的，才会继续接受治疗。其实，放纵或轻视都没有什么好处，我们应该让他看见的，是我们对他发自内心的关心。没有哪一种关心会比这种关心更真实、更客观了。为了他的幸福，也是为了他人的幸福，我们必须与他合作，找出他的问题所在。考虑到这一点，我们便不会冒险让患者“移情”，或是装作很权威的样子，或把病人置于依赖与不负责任的境地。

在所有的心灵表达中，最能表露一个人真情的是记忆。与他同在的记忆，无时无刻不提醒着他自身的各种局限和传递环境意义的事件。没有所谓的偶然记忆，所有的记忆都是一个人从自己接收到的无数印象中选择出来的，于他而言，那些都是极为重要的事。因此，一个人的记忆，即他的“人生故事”，无论这些记忆是否清晰，是否和实情相符，都是一段用来反复提醒自己或安慰自己，让自己集中精力去实现优越感目标的故事，都是一段以过去经验为基础来应对未来的故事。如果一个人遭遇挫折后十分沮丧，他就会回忆起过去遭遇的挫折。假如他一直很悲观，那么，他的所有记忆都会带着忧郁色彩。假如他平时是个勇敢乐观的人，就会选择完全不同的记忆，他回忆起的都是愉快的故事，让他变得更加乐观。同样，如果他感觉遇上了问题，也会用各种记忆来帮助自己调节好解决问题的心态。

由此可见，记忆和梦一样，都能起到某些调节自己的作用。很多人在做决定时，会梦见自己顺利地通过了一次考试。他们把做决定当成一次考试，并且希望营造出当时成功通过考试的心态来。在人生态度范围之内，凡是能平衡情绪变化的规律，同样也能调适一般的精神结构和心态。即使忧郁症患者回忆起自己的成功和荣耀时，也会不再忧郁。如果他告诉自己“我这一辈子都很倒霉”，那么他就只会回忆起那些让自己感觉不幸的事。

## 早期记忆和生活方式

记忆绝对不会与人生态度南辕北辙。如果一个人的优越感目标是“别人总是欺辱我”，那么，他就只会回忆起那些让他感觉被欺辱的意外事件。只要他的人生态度改变了，记忆也会随之改变。要么他会想起不同的事，要么他会对同一事件进行不同的解释。

一个人的早期记忆是至关重要的。首先，它直接展示了一个人最早的生活态度，这也是他生活态度形成的根源。我们可以从中判断出一个孩子得到的是宠爱还是冷落，他愿意与什么人合作，与别人的合作度有多高，他曾经遇到过什么问题以及问题是如何解决的。如果一个孩子因为视力不好，需要进行观察近物的训练，那在他的早期记忆中，会有很多和视觉有关的记忆。他可能一开始就说：“我把周围看了一圈……”随后也许会说出一些颜色和图形来。而行动困难的孩子，会渴望自己能跑能跳，这些渴望，也会出现在他的回忆里。很多童年就记住的事，往往和个体的关注点十分接近，假如我们知道了他的关注点，就能知道他的优越感目标和人生态度。因此，在专业心理治疗辅导中，早期记忆具有非常重要的价值。除此之外，我们还可以看出孩子和父母，以及其他家庭成员之间的关系。记忆真实与否并不重要，重要的是这些记忆代表了个人对自己的判断，如“我就是这样一个人，在我小时候就这样了”或“我很小的时候，就知道世界就是这个样子了”。

一个人讲故事的方式，以及他所记得的最早事件，是最有启示价值的。这能表现出他的基本人生观，也是他的人生态度的雏形。它让我们一眼就能看出他是以什么事件作为自己的成长起始点的。

我在探讨性格时，是绝对不会不问咨询者的早期记忆的。有时候，人们回答不出来，或说自己记不清哪件事情是先发生的，但是这种表现本身也会告诉我们很多情况。我们可以因此推断他们不愿意讨论自己对生命的定义，或不打算与别人合作。但一般来说，人们还是很喜欢谈论自己的早期记忆的，他们只是把它当成单纯的事实，不会联想到其中的深刻意义。很少有人知道早期记忆的意义，但大多数人的早期记忆都会表露出自己的生活追求、与别人之间的关系，并且能比较客观地说出自己对周围环境的看法。我们之所以要对早期记忆进行大量的研究，是因为里面含有丰富的信息。我们可以让全班同学都写出自己的早期记忆，如果知道如何解读这些记忆，那么，我们就有了一份关于孩子的重要资料。

## 早期记忆分析

为了方便地说明问题，我举几个与早期记忆有关的例子，并且理解早期记忆是如何影响他们的。除了记忆外，我对他们一无所知——甚至不知道他们是大人还是孩子。本来，我们在他们早期记忆中发现的意义，是必须对照他们性格表现的，不过，为了加强我们的推测能力，我们可以把对早期记忆的理解当成一种训练。我们必须知道哪些记忆可能是真的，也必须知道一种记忆和其他记忆的区别。尤其是我们能够从中知道，一个人是否具有合作精神，是敢作敢当还是胆小怕事，是希望被关照还是具有独立精神，是乐于付出还是只懂得接受。

一、“由于我的姐妹……”在早期记忆中最早出现的那个人，是我们必须重视的关键。如果一个人提到了自己的某个姐妹，我们可以确定这个人受自己姐妹的影响非常大。他的成长一直笼罩在这个姐妹的阴影之下。一般情况下，我们会发现他们之间有一种敌对关系，就像在比赛中竞争一样。而且我们深知，这种敌对状态会给他的成长带来更多的苦难。如果一个孩子的心里充满了敌意，那么，是很难像与人友好合作时那样关心别人的。当然，我们也不能言之过早，说不定这两个孩子是好朋友呢。

“因为我妹妹是家中年纪最小的，所以她不上学，我也不能上。”到这个时候，他的敌对情绪很明显了——妹妹拖累了我，她年龄比我小，却要我等她一起上学，她耽误了我！如果这是这段记忆的真正意义，我们能够想象到，这个男孩或女孩会觉得：“我生活中最大的危险，就是有某个人限制我，妨碍了我的自由成长。”在任何情况下，我们都能感到讲述人会觉得自己是为了照顾妹妹，牺牲了自己。讲述人会把这种牺牲归罪于某一个人，比如母亲。讲述者更有可能是一个女孩，男孩一般很少遭到这种限制。

“所以，我们是同一天上的学。”对于她来说，因为自己是姐姐，所以必须等。我们认为这不是一种好的教育。在任何情况下，我们都能看到这个女孩运用着这种理解：她觉得她是为了要顾全妹妹的利益而被忽视的。她会把这种忽视归罪于某一个人，很可能是她的母亲。假如她因此而更依恋她的父亲，想使自己成为他的宠儿，我们也不必感到惊讶。

“我记得很清楚，我们上学的第一天，母亲对我们说她感觉有多孤单。她说：‘那天下午，我好几次跑出大门口去等女儿，一直担心她们会再也不回来。’”这是她对自己母亲的描述，说明她认为母亲不是很理智，这就是她对母亲的看法。“担心她们会再也不回来”——母亲的爱是那样无法掩饰，女儿们也都懂得母亲的慈爱。但同时，她也很紧张、很焦虑。如果我们能和这个女孩子聊一下，她说得更多的可能会是母亲对妹妹的偏爱。这种偏爱其实很正常，最小的孩子总是最被关照的。

根据她的早期记忆，我们可以发现：年纪较长的姐姐，因为与妹妹是对立关系，所以感觉自己受到了伤害。我们可能会在她以后的生活里，看到她的忌妒，以及她对竞争的恐惧。如果她不喜欢比自己小的女性，也不是什么奇怪的事。有些人终其一生都有一种年长感，总是感觉自己太大或太老了。很多忌妒心较强的女人，都觉得自己比不上更年轻的女人。

二、“爷爷的葬礼是我最早的记忆，那时我才三岁。”这句话是一个女孩子写的。死亡给她留下的印象如此深刻意味着什么呢？意味着死亡对她来说是人生中最大的不安和危险。童年时期发生的事，让她发现这样一个残酷的现实：“爷爷竟然会死去，永远不会回来了。”从中我们还可以知道她是祖父的宠儿，祖父十分疼爱她。在此，我们不难相信，当这个女孩幼小的时候，她的祖父非常疼爱她，他的宠爱使她对他产生深刻的记忆。所以他的去世，对她来说是个沉重的打击。“我很清楚地记得他一动不动地躺在棺材里，脸色十分苍白。”我认为让一个三岁的孩子看去世的人不太理性，尤其在他们没有一点儿心理准备的情况下。很多孩子都告诉我说，看过去世的人后，他们会深深地记在脑海里，永远不会忘记，这个女孩也是如此。有这类经历的孩子会努力去减少或克服对死亡的恐惧感。他们常常渴望成为一名医生，因为他们觉得医生更有专业素养，比其他人更能应对死亡。如果让医生讲述他的早期记忆，那些记忆往往和死亡有关。“一动不动地躺在棺材里，脸色十分苍白。”——记忆里是自己亲眼所见的事情。也许这个女孩的记忆是视觉型的，对周围看到的一切更有印象。

“我还记得我们随后到了墓地。棺材被缓缓地放进墓穴后，人们把那粗糙的抬棺绳从棺材下拉了出来。”她所讲的，仍然是自己看见的事。这让我们更加相信自己的推测了：她的记忆是视觉型的。“这段经历让我十分恐惧，从那以后，任何亲戚或朋友去了另一个世界的消息，都会吓得我全身发抖。”我们又看到了她对死亡的深刻印象。如果我能与她聊几句的话，我会问她：“长大以后，你想做什么工作？”她也许会告诉我：“我想当医生。”假如她没有答案或回避这个问题，我会暗示她：“难道你不想当医生或护士吗？”她把死亡说成“去另一个世界”，其实是为了回避自己对死亡的恐惧。我们从她的全部记忆里得知，祖父对她非常好，他的死亡对她产生了严重的影响。由于她的记忆是视觉型的，所以见过祖父的死亡现场后，死亡就成了她脑海里最无法磨灭的恐惧，她也因此得出了这样一个结论：“我们都会死掉。”这确实是事实，但我们不应该只关注死亡，还应该关注很多别的事。

三、“我小时候，父亲……”她一开始就说起自己的父亲来，因此我们可以感觉到这个女孩更关注的是父亲而不是母亲，这是处于第二成长阶段的人的特点。孩子一般总是更关心母亲，因为在出生之初，孩子和母亲的互动非常紧密。孩子需要母亲，他根本无法离开她，所以他所有的精神活动都与母亲紧密联系着。如果他关注的是父亲，说明他认为母亲不称职了，开始对母亲有所不满。而导致这一结果的，一般都是有了更小的弟弟或妹妹。如果这个女孩会在这段回忆中谈及一个比自己小的弟弟或妹妹，那就说明我们的推测是正确的。

“父亲给我们买了两匹小马。”这句话说明家里的孩子不止一个，我们必须关注另一个孩子的情况。“父亲把两匹小马牵了过来，比我大三岁的姐姐……”说到这里，我得纠正下以前的说法了。我们一直以为这个女孩是姐姐，其实她是妹妹。也许因为母亲最疼爱的是姐姐，所以女孩才会说起自己的父亲和他送的礼物：两匹小马。

“姐姐牵起一条缰绳，兴高采烈地骑上马去逛街。”

这是做姐姐的骄傲：“我怎么也跟不上姐姐，她的马跑得太快了……”

这是姐姐抢风头的后果：“我摔倒在地上后，被奔跑的小马拖着走了好远。本来是件开心的事，我却被弄得狼狈不堪。”姐姐得意极了，她占尽了风头。我们可以肯定，这个女孩子是想说：“如果我不多注意点儿，姐姐就会永远抢我的风头。我会永远是她的手下败将，永远抬不起头来。唯一让我有安全感的方法就是胜过她。”女孩的这些话，让我们知道了关注父亲的原因：姐姐赢得了母亲的欢心。

“虽然我后来的骑术远比姐姐好，但依然无法弥补那次伤害。”到现在，所有的推测都被证实了，我们可以看出，这两姐妹有某种程度上的竞争关系。妹妹觉得：“我一直落后于人，必须想办法赶上去。我必须超过别人……”我曾在前文中讲过，有哥哥姐姐的孩子的内心，一般会有一个竞争对象，而这个对象，是他们一直想超过的人。这个女孩就是个例子，记忆强化了她的态度，让她认为：“如果有人领先于我，就是对我的威胁，我必须永远不被超过。”

四、“在我的早期记忆里，我被姐姐带着去各种宴会和社交场合。我出生时她大约十八岁。”女孩子记得她自己是社会的一部分。我们在这份记忆中会推测她的合作程度可能比别人高。大她十八岁的姐姐对她来说似乎是处于母亲的地位。姐姐是家里最宠爱她的人，姐姐好像曾经用很聪明的方式把妹妹的兴趣扩展到别人身上。

“因为在我出生以前，我的姐姐是家中五个孩子中唯一的女孩，她当然喜欢到处炫耀。”这看来并不如我们想象中那么好。当一个孩子喜欢炫耀时，她所感兴趣的可能会是“受人欣赏”，而不是奉献。

“因此，在我还相当小的时候，她便带着我到处跑。对于那些宴会，我记得的唯一事情是，姐姐老是喜欢强迫我说话，例如‘跟这位小姐说说你的名字’等。”——这是一种错误的教育方法。假如这位女孩子因此而患上口吃或产生言语上的困难，我们不必为此惊讶。口吃的孩子通常是因为别人过分注意他说的话。他承受不了压力，和别人无法自然地交谈，因而他会过分关心自己，并更加企图别人了解自己。

“我还记得，我说不出话来的时候，回到家总会挨一顿骂，因此我变得很讨厌出门和别人交往。”我们最先的理解推测必须完全修正了。现在，我们可以看出，她早期记忆背后隐藏着这样的含义：“我被带去和别人接触，但是我发现那是很不愉快的。由于这些经验，从此之后，我便讨厌这类人际交往。”因此，我们可以想象，即使到现在，她仍然不喜欢与人交往。我们可能发现，她对这些事情会感到不自在，她过分注意自己，觉得必须炫耀自己，并觉得这种要求过分沉重。她被培养得要与众不同，而难以平易近人。

五、“在我的童年时期，有一件事情对我的影响非常大。当我大约四岁时，我的曾祖母来看我们。当她来看我们时，我们要拍一张四代同堂的照片。”这个女孩子对她的门第非常感兴趣。由于她这么清楚地记得她曾祖母的来访，以及和他们合拍的照片，我们可以推论出：她对家庭的依恋非常深。如果我们说对了，我们会发现，她合作的能力很难超出她家庭圈子的范围。

“我很清楚地记得，我们开车到另一个镇上去，当我们抵达照相馆后，我换了一件白色绣花的衣服。”也许这个女孩子也是属于视觉型的。“在我们拍四代同堂的照片以前，我和弟弟先合照了一张。”我们又看到她对家庭的兴趣了。她的弟弟是家庭中的一部分，我们很可能会听到她和他之间更多的关系。“他坐在我身旁一把椅子的扶手上，手里握着一个亮亮的红球。”她又再次记起可见之物。

“我站在椅子旁边，手里什么东西都没有。”现在我们看到这个女孩子的主要努力目标了。她告诉自己，她的弟弟比她更受人宠爱。我们猜测，当她的弟弟出生，她在家中的地位被抢走了，她可能觉得非常不高兴。“他们叫我们笑。”她的意思是，他们想要使我笑。但是有什么值得我笑的？他们把我的弟弟摆上宝座，还给他一个亮亮的红球，可是他们给了我什么？

“然后拍四代同堂的照片。除了我，每个人都想摆出最好看的样子。我一点都没有笑。”她对她的家庭表示抗议，因为她的家庭待她不够好。在这个早期记忆中，她并没有忘记告诉我们她的家庭是怎么对待她的。“当要弟弟笑的时候，他笑得好甜。他好聪明。以后我便一直讨厌拍照片。”她的回忆让我们领悟到大多数人应对生活的方式。我们得到一种印象后，总是喜欢用它来解释其他事情。很清楚，她在拍那张照片时觉得非常不愉快，以后便讨厌再拍照片。我们经常发现：当一个人讨厌某件事物，而要找出这种厌恶的理由时，通常会从自己的经验中挑选出某些东西来作为解释。这个早期记忆的例子给予我们关于主人公人格的两个主要暗示。第一，她是属于视觉型的；第二，这一点比较重要，她对家庭依附很深。她最初记忆的全部情节都发生在家庭圈子里面。她很可能无法适应社会生活。

六、“我最早的记忆之一是在我大约三岁半时，发生了一件意外事故。帮我父母工作的一个女孩子，把我们带到地窖里，让我们尝苹果酒。我们都很喜欢它。”发现地窖里面有苹果酒一定是件很有趣的事。那是一种探险的历程。如果我们现在就要下结论的话，我们可以在两种猜测中选择其一。也许这个女孩子很喜欢来到新环境，在处理生活问题时充满了勇气。反过来说，她的意思也许是，有许多意志较强的人会引诱我们，将我们导向堕落之途。这个记忆的其余部分会帮我们做出判断。“一会儿以后，我们决心要再多尝一点酒，所以我们就自己动手了。”这是个有勇气的女孩，她想要独立自主。“过了不久，我的腿开始不听使唤，一不小心滑到了，将苹果酒桶撞翻了，酒洒得满地都是，地窖变得又湿又滑。”就这样，一个禁酒主义者诞生了。

“我不明白是不是由于这件事使我不再喜欢苹果酒和其他含酒精的饮料。”

这件小事对她的人生态度产生了不小的影响。假若我们冷静地分析下这件事，那么不难发现它不大可能产生如此之大的影响。然而，她却认为，使她不敢再接触含酒精的饮料的诱因就是这件小事。或许，我们不难发现她是一个善于从错误中吸取教训的人。或许，她是个自立的人，犯了错误之后知道如何改正。这种优秀的品质或许会与她相伴一生。她仿佛在说：“当我犯错时，假若我知道自己真的错了，我可能就会改正。”假若事情就是这样，她的性格肯定非常好，健康向上，勇于面对一切，始终在追求自我完善，过着一种非常有价值的生活。

在上面的这些鲜活的事例中，我们所做的一切努力都是为了掌握一种推测的艺术；在我们断定我们的结论正确无误以前，我们必须多看人格的许多其他表现。现在，让我们举几个实际的例子来说明：从人格的各种表现中，我们可以看出它的相连性。

一个患有焦虑性神经官能症的三十五岁男人跑来找我。他只有在离开家时才觉得焦虑。他曾经数次勉勉强强地找到工作，但是，只要一进办公室，他便终日呻吟，直到晚上回家和他母亲坐在一起时才停止。当要求他说出早期记忆时，他说：“我记得四岁时，在家里窗子边坐着，看街上有许多人在工作，觉得很好玩。”他要看别人工作。他自己只想坐在窗子边看他们。假如改变他的心理状况，我们必须改变他不能和别人一起工作的想法。他一直以为生活的唯一方法就是受别人帮助。我们必须改变他的整个人生观，责备他是毫无用处的。我们也无法用医药或切除分泌腺的方法来使他悔悟。然而，他的早期记忆却使我们比较容易向他建议能使他感兴趣的工作。我们发现他患有重度近视，由于这种缺陷，他要集中注意力才能看清东西。当他遭遇职业问题时，他总是继续在“看”，而不是在“工作”。但是这两件事情并不是互相对立的。当他痊愈后，他开了一间画廊。他用这种方式在为社会做贡献。

一个三十二岁患有癔病性失语症的男人，也来请求治疗。他除了嗫嚅作声外，就说不出话来。这种情形已经有两年之久了，开始时是有一天他踩到香蕉皮，摔跤并撞在出租车的玻璃窗上，他呕吐了两天，之后就患上了偏头痛。无疑，他得脑震荡了，但是喉咙部分并没有发生机体上的变化，脑震荡并不足以成为他不能说话的原因。他完全说不出话达八天。他因这起意外事件而上诉法院，至今仍然纠缠不休。他把整个事件归咎于出租车司机，并要求汽车公司赔偿。我们不难了解：假如他丧失了某种能力，他在诉讼中所占的地位将有利得多。我们不必说他意图欺骗，因为他也没有大声说话的必要。也许他在意外事件之后，确实发现自己说话困难，以后他也没有看出有什么改变的必要。

这位患者曾经找过一位喉科专家，但是这位专家却找不出他的问题在哪里。要求他说出早期记忆时，他告诉我们：“我躺在摇篮里，来回晃荡。我记得看到挂钩脱了，摇篮掉下来，我也受了重伤。”没有人会喜欢摔跤，但这个人却过分强调摔跤。他的注意力都集中在摔跤的危险上，这是他的主要兴趣。“当我摔下来时，门打开了，妈妈惊慌失措地跑进来。”他曾用摔跤来吸引母亲的注意力，此外，这个记忆还是一种谴责——“她没有好好照顾我”。同样，出租车司机和汽车公司也犯了类似的错误，他们都对他照顾不周。这是一种被惯坏了的孩子的生活态度，他们总想让别人担负责任。“五岁时，我头上顶着一块木板，从二十英尺（约六米）高的楼梯上摔下来。我有五分多钟说不出话来。”这个人对丧失语言能力是相当拿手的，他训练有素地把摔跤当作拒绝说话的原因。我们无法把它看作失语的原因，可是他却能够如此。他对此经验丰富，现在只要一摔跤，他便自然而然地说不出话来。如果要治愈他，必须要让他知道他犯了错误：摔跤和丧失语言能力之间是没有关联的。同时，要让他认识到，在一次意外事件之后，他并不需要继续嗫嚅作声长达两年。然而，在这个记忆中，还显现出他难以了解这些事情的原因。“我的妈妈又冲了出去，”他继续说道，“看起来非常激动的样子。”从他的两次意外事件经历中，我们很怀疑他的母亲是否对他非常溺爱，而他的父亲却对他滥施权威。我们很可能发现：他的生活就是对他父亲威严的一种反抗。当我们问他在家庭中的排行时，他说他是最小的，而且是唯一的男孩。他有两个姐姐，最大的老是想管他，另一个也差不多。他的父亲总是对他吹毛求疵，因此，他深刻地感到：他的整个家庭都在压迫着他，只有母亲是他唯一的朋友。

他直到十四岁才开始上学。后来，他的父亲把他送进农业学校，因为这样他才能在父亲计划要购买的农场上帮父亲的忙。这个孩子在学校里的表现相当优秀，可是他不愿意当农民。因此，他的父亲把他安插进经纪行业中。奇怪的是，他竟然在这份工作上熬了八年之久。但是他说他能够这样做，完全是母亲的缘故。

童年时，他是懒散而胆小的，怕黑，怕孤单。当我们听到“懒散的孩子”时，我们总可以找到有某个人习惯于帮他收拾东西。当我们听到“怕黑和怕孤单的孩子”时，我们总可以找到某一个经常在注意他、抚慰他的人。对这个青年而言，这个人就是他的母亲。他不认为和人交友是件简单的事，但是当他周旋于陌生人之间时，却也觉得相当自在。他没有恋爱过，对恋爱不感兴趣，而且也不想结婚。他认为他父母的婚姻是不美满的，这一点能够帮助我们了解为什么他自己不想结婚。

即使他不喜欢，他的父亲仍然逼着他继续从事经纪行业。他很想进入广告界工作，但是他认为他的家庭不会给他钱，让他开拓自己的事业。在每一点上，我们都能看到他行动的目的是在反抗他的父亲。在他当经纪人时，已经能够自立，可是他却没有想要用自己的钱来学习广告工作。他直到现在才想起要把这作为对他父亲的新要求。

他的早期记忆很明显地表露出一个被宠惯的孩子对严格父亲的反抗。他记得他如何在他父亲的餐馆中工作。他喜欢洗碟子，并把它们从一张桌子上搬到另一张桌子上。他玩弄碟子的作风惹火了他的父亲，父亲当着顾客的面掴了他一记耳光。他用这个早期记忆作为对他父亲抱有敌意的证明，而他的整个生活也变成了一场反抗父亲的战争。他并没有工作的诚意。如果他能伤害父亲，他就完全满足了。

他后来有了自杀的念头，这也很容易理解。每个自杀案件都是一种谴责。想要自杀时，他的意思是说："我父亲的所作所为都是罪恶的。"他把对工作的不满也归咎于他的父亲。父亲每提出一项计划，他都表示反对，但是娇生惯养的他却又无法独立开创自己的事业。他并不是真的想工作，他只想嬉戏，可是他对母亲又存有合作之意，所以想找一份不错的工作。然而，他的失眠又如何显示他对父亲的抗争呢？

如果他睡不着觉，第二天他就没有精神工作。他的父亲等他去做事，可是他却疲倦得无法动弹。当然，他可以说："我不要做事，我也不愿受压迫。"但是，他必须考虑他的母亲和他经济状况欠佳的家庭。假如他干脆拒绝工作，他的家庭会认为他无可救药，并拒绝再帮助他。他必须找个理由，结果他找到了这种表面看起来似乎无懈可击的毛病——失眠。

最先，他说他从未做过梦，可是后来他却想起了一个经常发生的梦。他梦见有个人往墙上掷球，而球总是跳开了。这似乎是个平淡无奇的梦。在这个梦和他的生活态度之间，我们能找到关联吗？我们问他："以后呢？当球跳开时，你觉得如何？"他告诉我们："每当它跳开时，我便醒了。"现在，他自己说出了失眠的原因。他利用这个梦作为吵醒他的闹钟。他想象每一个人都要推他向前，强迫他做他不喜欢做的事情。他梦见某个人向墙上掷球，这时，他便醒过来了。结果第二天他便疲惫不堪，而当他觉得疲劳时，他便无法工作了。他的父亲急着要他工作，而他用这种曲折的方法击败了他的父亲。假如我们只看他和他父亲之间的战争，我们应该认为：他发明这种"武器"是相当聪明的。然而，他的生活态度无论对他自己还是对别人都不是十分完美的，因此，我们必须帮他改变。

在我解释过他的梦后，他便不再做这种梦了，但是他告诉我，他仍然常常在半夜里醒来。他已经没有勇气再做这种梦，因为他知道人家会揭穿他的目的，但是他仍旧要使自己在第二天疲惫不堪。我们要怎么帮助他呢？唯一的方法是使他和他的父亲和解。只要他的兴趣仍然是惹怒并击垮他的父亲，他的问题便不可能好转。开始时，我依然像往常一样赞同患者的态度："你的父亲似乎是完全错了。"我又说："他想要用他的权威时时刻刻地支配你，这种做法确实不太聪明。也许他自己有问题，也应该接受治疗。可是你能怎么做呢？你不可能改变他。假如下雨了，你该怎么办？你只能打开雨伞或躲进屋里，想要反抗雨或压过它都是没有用的。现在你正像竭尽所能地去反抗雨一样。你相信你有力量，你相信你已经压过它了，但是你的胜利最终伤害的却是你自己。"我指出他各种表现之间的联系——他对事业的犹疑不决，他的自杀念头，他的离家出走，以及他的失眠；我还告诉他，在这些表现之间，他是如何用惩罚自己的方法来报复父亲的。

我给了他一个劝告："今天晚上要睡觉的时候，你要想你随时都会醒过来，这样你明天就会很疲劳。你要想明天你累得不能工作时，你父亲怒火冲天的情形。”我要他面对事实。他的主要目的在于激怒并伤害他的父亲。如果我们无法制止这种战争，治疗便不会有效。他是个被宠坏的孩子，我们都能够看出这一点，现在他自己也明白了。

这种情形与“俄狄浦斯情结”非常类似。这个青年一心一意地想要伤害他的父亲，而又非常依赖他的母亲，可是，这却与性无关。他的母亲宠爱他，而他的父亲却毫无怜悯之意。他受过错误的训练，并对他所处的地位做出了错误的理解。遗传在他的烦恼中并未占有丝毫地位。他的烦恼并不是由杀死部落酋长的野蛮人的本能中推导出来的，而是从他的经验中创造出来的。每一个孩子都可能培养出这种态度，我们只要给他一个宠爱孩子的母亲和一个凶恶的父亲就可以了。如果这个孩子也反抗他的父亲，并无法独立解决自己遇到的问题，我们便可以了解，要采取这种生活态度是一件多么简单的事。

# 第五章

# 梦

几乎每个人都会做梦，但是了解梦的人却很少。这种现象看起来是很奇怪的。梦是人类心灵一种很平常的活动，人们对它一直很感兴趣，对它的意义却一直感到迷惑不解。有许多人非常重视他们做的梦，他们以为梦是奥妙无穷并含有重大意义的。从人类最古老的年代起，我们便能发现这种兴趣。然而，一般而言，人们对做梦时自己到底在做些什么或为什么会做梦等事情，仍然没有什么概念。据我所知，解释梦的理论只有两种是容易为人所理解而且合乎科学的。这两个声称要了解梦并解释梦的学派，是心理分析的弗洛伊德学派和个体心理学派。在这两者之中，可能只有个体心理学者才敢说他们的解释是完全合乎常识的。

## 梦的解析

以往想要解释梦的尝试当然是不科学的，但是它们都有值得借鉴的地方。最少它们能表现出以前人们把梦当作什么，以及他们对于梦所抱持的态度。因为梦是人类心灵创造活动的一部分，假如我们发现人们对梦有些什么期待，我们便可以相当准确地看出梦的目的。在研究之初，我们便看到一个明显的事实。大家似乎都把梦能预测未来视为理所当然。人们常常以为，在梦里有某些精灵、鬼神或祖先会占据他们的心灵并影响他们。在困难时，他们会借用梦来指点迷津。古代解梦的书对做某种梦的人将来运道如何，都给出了解释。原始民族在梦中寻找预言和征兆。希腊人和埃及人到庙里去参拜，希望能得到一些神圣的梦来指引他们未来的生活。他们把这种梦当作治疗的方法，以消除身体上或心灵上的痛苦。美洲的印第安人以斋戒、沐浴、行圣礼等非常烦冗的宗教仪式来引发梦，然后按照他们对梦的解释作为行为的依据。在《旧约》中，梦一直都被理解为未来事情的预兆。即使在今日，也有许多人说他们做过的很多梦后来都真实发生了。他们相信，他们在梦里会成为预言家，而梦则会运用某种方法让他们进入未来的世界中，并预见以后会发生的事情。

从科学的立场来看，这种观点自然是荒唐无稽的。从我开始想解开梦的问题的时候起，我便很清楚：做梦的人预见未来的能力，比清醒而能完全支配其官能的人差得远。我们不难发现，梦不仅不会比日常思维更理智地预测未来，反倒更为混乱而令人难以理解。然而，我们对人们认为梦能够经由某种方法和未来发生联系的传统观念，却不能不注意。也许我们会发现，从某种观点看来，它们并不是完全错误的。假如我们运用客观的态度来研讨，它可能提醒我们注意某些一向被忽视的重点。我们已经说过，人们曾经以为梦能够为他们现实的一些问题提供解决之道。我们可以说：这种人做梦的目的就是想要获得对未来的指引和解决问题的方法。这和认为梦能预见未来的观点相去甚远。我们必须考虑：他寻求的是哪种问题的解决方法？他又希望从中获得些什么？有一点仍然是非常明显的：梦中所提出的任何解决问题的方法，必然比清醒时考虑整个情境所获得的方法差。其实，做梦时一些人希望能够从中得到一些解决问题的方法，这种说法并不算太过分。

## 弗洛伊德的观点

在弗洛伊德学派的观点中，我们发现了一种真正的努力，他们主张梦具有科学解释的意义。然而，在许多方面，弗洛伊德的解释已经把梦带到了科学的范围之外。例如，弗洛伊德假设：在白天的心灵活动和夜晚的心灵活动之间，有一个间隙存在；意识和潜意识互相对立；而梦则遵循着一些和日常思维法则迥然不同的定律。当我们看到这些对立时，我们会断定心灵有一种不合乎科学的态度。在原始民族和古代哲学家的思想中，我们常常会看到这种把概念弄成强烈对立，即把它们当作相反事件来处理的例子。在神经官能症患者中间，这种对立的态度表现得最明显。人们经常相信左右是互相对立的，男女、冷热、光暗、强弱也是互相对立的。但是，从科学的立场看来，它们不是互相对立的事物，而是同一件东西的变异。它们是依照某种理想的假定排列而成的量表上的不同程度。同样，好和坏、常态和变态也都不是对立的事物，而是同一事物的变异。把睡眠和清醒、做梦时的思想和白天的思想当作对立事物的任何理论，都注定是不科学的。

原始弗洛伊德学派观点中的另一个难题，是把梦的背景归于性。这也使得梦从人类通常的努力和活动中分离开来，如果这种看法正确，那么梦便不是表现整个人格的一种方法，它表现的只是人格的一部分而已。弗洛伊德学派自己也发现用性来解释梦是有所不足的，因此，弗洛伊德主张，在梦里，我们还能发现一种求死的潜意识欲望。我们也许能发现这种观点在某些方面是正确的。我们说过：梦是想要为问题找出解决方法，它们显露出个人勇气的丧失。可是，弗洛伊德学派的名词却太离谱了，它们根本无法让我们看出整个人格是如何表现在梦里面的。而且，梦中的生活和白天的生活似乎又变成了壁垒分明的不同事物。不过，在弗洛伊德学派的概念中，我们也得到了许多有趣而且有价值的暗示。例如，其中特别有用的暗示是，梦本身并没有什么重要性，重要的是梦后面的潜伏思想。在个体心理学中，我们也获得了类似的结论。心理分析学派所忽视的是科学心理学的第一个要求——认清人格的一贯性和个人在其各种表现中的一致性。

这种缺点可以从弗洛伊德学派对解释梦的几个关键问题的回答中看出来。“梦的目的是什么？我们为什么要做梦？”心理分析学派的回答是“为满足个人未能实现的欲望”。但是，这种观点并没有解释一切。假如一个梦是扑朔迷离的，个人忘掉了它，或无法了解它，那么哪里还有满足可言？每一个人都会做梦，但是几乎没有人了解自己的梦。这样，我们从梦里又会得到些什么快乐？假如梦里的生活和白天的生活迥然不同，满足感又来自梦，我们也许就能让做梦者了解梦的目的。但是这样一来，我们便丧失了人格的统一性。梦对清醒状态的人也没有什么用了。从科学的观点来看，做梦者和清醒的人都是同一个人，梦的目的也必须适用于这个一贯的人格。然而，有一种类型的人，我们无法把他在梦中对满足希望的努力和他的整个人格联结起来。这一类人是被宠坏的孩子，他们老是问：“我要怎样做才能获得满足？生活能给我什么？”这种人在梦中可能像他在其他各种表现中一样在寻找满足。其实，假如我们注意，我们就会发现，弗洛伊德学派的理论是针对被宠坏的孩子的心理学，这些孩子觉得他们的本能绝不能被否定，他们认为别人的存在是不必要的，他们一直在问：“我为什么要爱我的邻居？我的邻居爱我吗？”心理分析学派用被宠坏的孩子作为前提，并过分仔细地研究了这些前提。但是对满足的追求只是千万种对优越感的追求之一，我们绝不能把它当作各种人格表现的中心动机。而且，如果我们真正发现了梦的目的，它也能帮助我们看出遗忘梦和不了解梦能达到什么目的。

# 个体心理学方法

大约在二十五年前，当我开始想找出梦的意义时，当时这还是一个让人最感困扰的问题。我看到，梦并不是和清醒时的生活互相对立的，它必然和生活的其他动作、表现一致。假如我们在白天专心致志地追求某种优越感目标，我们在晚上也会关心同样的问题。每个人做梦时，都好像在梦中有一个工作在等待他去完成，都好像他在梦中也必须努力追求优越感。梦必定是生活态度的产物，它也一定有助于生活态度的建立和加强。

有一种事实能够帮助我们澄清梦的目的。我们做梦，但是清晨醒来后，通常都记不得梦里的情景，似乎不留一丝残痕。但这是真的吗？真的什么东西都没留下吗？不是的。我们还留有梦所引起的许多感觉。梦中景象都已消失，对梦的了解也不复存在，遗留下来的只有许多感觉。梦的目的必然是在于它们引起的感觉之中。梦只是引起这些感觉的一种方法、一种工具。梦的目标是它所留下来的感觉。

个人所创造出的感觉必须和他的生活态度永远保持一致。梦中思想和白天思想之间的差异不是绝对的，这两者之间并没有明显的界限。用简单的话来说，其间的差异仅在于做梦时有较多与现实的关系暂时被搁置了。然而，它并没有脱离现实。当我们睡觉时，我们仍然和现实保持着接触。假如我们受到问题的困扰，我们的睡眠也会受到扰乱。如睡觉时，我们能做出种种协调动作，以免掉下床，这件事实可以证明我们的睡眠和现实的联系仍然是存在的。尽管街上喧闹异常，母亲依然可以安然入睡，可是只要她的孩子稍有风吹草动，她就会马上醒过来。在睡觉时，感官的知觉并不是完全丧失，只是减弱，而我们和现实的接触也较为松弛。做梦时，我们是个人独处的，社会的要求不再紧紧地跟着我们，我们也不必一丝不苟地考虑环绕着我们的情境。

我们只有在消除了紧张，且我们的问题也都有肯定的解决方法时，睡眠才不会受到干扰。做梦是对安稳睡眠的干扰。我们可以说，只有在还没想出我们所面临的问题的解决方法时，即使在睡眠中现实也不断压迫着我们，并向我们提出种种难题时，我们才会做梦。梦的工作就是应对我们面临的难题，并提供解决之道。现在，我们开始研究在睡眠时，我们的心灵是用什么方法来应对问题的。因为我们没有顾虑到整个情境，问题看起来便显得简单得多，而我们提出的解决之道对我们本身适应的要求也非常低。梦的目的是支持生活态度，并引起适合于生活态度的感觉。但是，生活态度为什么需要支持呢？有什么东西会侵袭它？能够攻击它的，只有现实和常识。因此，梦的目的就是支持生活态度抵制常识的要求。这给了我们一个有趣的灵感。如果一个人面临着一个他不希望用常识来解决的问题，他便能够用梦所引起的感觉来坚定他的态度。

初看之下，这似乎和我们清醒时的生活互相矛盾，但其实其间并无矛盾存在。这可能引起和我们清醒时完全一致的感觉。假如有个人遇到了困难，但不希望用他的常识来对付它，而只想继续用他不合时宜的生活态度来解决，那么他会找出各种理由来维护他的生活态度，使它显得似乎已足以应对问题。例如一个人的目标在于不劳而获地赚钱，他不想工作，不想努力，也不想对别人有所贡献，那么赌博对他而言便是一种机会。他知道有许多人因赌博而倾家荡产，可是他仍希望悠游度日，仍希望侥幸致富。他会怎么做呢？他会满脑子充满了金钱的利益，在幻想中为自己勾画出一幅暴富后的画面：买汽车，过奢华的生活，受众人的恭维。这些景象激起了他向前的行为。于是他撇开常识，开始赌博。同样的事情也会发生在更为平常的情况中。当我们在工作的时候，假如有人告诉我们他看过的一场很好的戏剧，我们会开始想停下工作，到剧院去。当一个人坠入爱河时，他会为自己的未来描绘出一幅景象。假如他真正喜爱对方，描绘出的景象必然是愉悦的；反之，如果他感到悲观，未来的景象一定会沾染上灰暗的色彩。但是，无论如何，他总会激发起自己的感觉，而我们也能从他所激发起感觉的类别来分辨他是哪一种人。

如果我们在做梦之后，除了感觉以外什么都没有留下，它对常识会有什么影响呢？梦是常识的敌人。我们很可能发现有些不愿意被他们的感觉所欺骗的人，他们宁可依照科学的方法做事。这种人很少做梦或根本不会做梦。其他的人大都喜欢背离常识，他们不愿意用正常而有用的方法来解决他们的问题。常识是合作的一面，合作素养欠佳的人都不会喜欢常识。这种人会频频做梦。他们怕自己的生活态度受到抨击，他们希望避开现实的挑战。我们可以获得如下的结论：梦是想在个人的生活态度和他当前的问题之间建立起联系，而又不愿意对生活态度提出新要求的一种企图。生活态度是梦的主宰，它必定会引起个人所需要的感觉。我们在梦里发现的每一样事物，都可以在这个人的其他特征和病症中发现。无论我们做梦与否，我们都会以同样的方式来应对问题，但是梦却为我们的生活态度提供了一种支持和维护。

如果这种观点正确，我们在了解梦的历程上便已经走出了最新而且最重要的一步。在梦里，我们欺骗着自己。每一个梦都是自我陶醉和自我催眠，它的全部目的就是引起一种让我们准备应对某种问题的心境。在其中，我们会看到和个人日常生活完全相同的人格。

此外，我们还会看到他在心灵的工作中，仿佛正准备着他将在白天运用的各种感觉。假如我们的说法没有错，那么在梦的结构中，或在它运用的方法中，我们也都能看到这种自我欺骗。

其实，我们发现了什么呢？首先，我们发现了某种对梦中景象、事件、意外事故的选择。以前，我们也提过这种选择。当一个人回顾过去时，他是把他经历过的景象和事故重新整编。我们说过，他的选择是顺从自己的意思的，他从记忆中选出的只是能够支持他优越感目标的事件。同样，在梦的构成中，我们也只选出和生活态度一致，而当面临问题时又能表现出生活态度要求的事件。这种选择只不过是生活态度和我们遭遇到的困难发生关系后所得的结果而已。在梦中，我们的生活态度要求独断专行。要应对现实的困难，必须借助常识，但是生活态度却坚持不让步。

## 象征和隐喻

梦是由哪些材料构成的？从古时候起人们便已经发现，而当代的弗洛伊德也曾特别强调：梦主要是由隐喻和符号构造而成的。正如一位心理学家所言："在我们的梦里，我们都是诗人。"然而，梦为什么不用简单干脆的语言，而要用隐喻和符号来表达？这是因为假如我们不用隐喻和符号，而坦率地说出自己的意愿，我们便无法避开常识。隐喻和符号可以是荒谬无稽的，它们能把不同的意义联结起来，它们也能够同时说出两件东西，而其中之一很可能是虚假的。我们从中也可以获得不合逻辑的结论。它们能够被用以引起感觉，而且我们在日常生活中又常会发现它。当我们想纠正别人时，我们会说："别孩子气了！"我们会问："干吗哭呢？难道你是女人吗？"当我们引用比喻时，不相干的东西以及只能诉诸感情的东西都会混进来。当一个彪形大汉跟一个小个子生气时，彪形大汉可能会说："他是一条毛毛虫，他只配在地下爬。"用这种比喻，他轻而易举地表现出了他的愤怒。

隐喻是相当美妙的语言工具，但是我们在运用它们时却难免要欺骗自己。当荷马描写希腊的军队像雄狮一样纵横于战场上时，这便给了我们一种夸大其词的感觉。我们相信他不愿意正确地说出事实：那些疲乏、肮脏的士兵在战场上爬行着。他希望我们把他们想象成雄狮。我们知道他们并不是真正的狮子，但是如果这些诗人描写他们如何气喘如牛、挥汗如雨，他们如何停下来重振士气或躲避危险，他们的甲胄又是如何破旧之类的细微小节，我们便不会如此深受感动。运用比喻是为了美，也是为了幻想。然而，我们却必须提醒读者：对一个拥有错误生命意义的人而言，运用隐喻和符号永远是一件危险的事。

一个学生即将面临一次考试。这个问题非常单纯，他只要鼓起勇气，凭借常识，全力以赴即可。但是假如他的生活态度使他想临阵脱逃，他可能梦见自己正在进行一场战争。他把这个单纯的问题用相当复杂的隐喻描绘出来，然后他便有充分的理由可以害怕了。或者，他会梦到自己正站在悬崖边缘，如果不向后退缩，便有摔得粉身碎骨的可能。他必须创造出某种心境来帮他躲开考试，因此他便用悬崖来比拟考试，以欺骗自己。在这个例子中，我们还发现了在梦中经常使用的另一种方法。那就是把一个问题拿来，节缩精炼，直至只剩下原来问题的一部分，然后用隐喻的方式把剩余部分表现出来，并把它当作原来的问题来处理。例如，另外一个学生可能比较勇敢而有远见，他希望能完成作业并通过考试。然而，他仍然希望能获得支持，仍然希望能重新肯定自己——他的生活态度要求这些东西。考试前的一个晚上，他梦见自己站在山顶上。他所处情境的这幅景象是非常简单的，他全部的生活环境只有很小的一部分表现出来了。对他而言，他的问题是非常重大的，但是它的许多方面都被排除掉了，剩下的是他把注意力集中在于对成功的瞻望上，这样，他便激起了有助于自己的感觉。次日清晨，他起床时觉得精力充沛、心情愉快，而勇气更胜往昔。在减轻他必须面临的困难方面，他已经成功了。可是，尽管他重新肯定了自己，但他仍然是欺骗了自己。他不是用常识的方式全心全意地面对整个问题，而是引起了一种自信的心境。这种心境的引起是非常平常的事。一个人要跳过小溪流之前，可能要先数“一、二、三”。难道数“一、二、三”真的有这么重要吗？在跳过溪流和数“一、二、三”之间是否真的有必然的关系存在？不是的。它们一点关系也没有。他数“一、二、三”，只不过是要引起他的心境，并集中他的力量而已。在人类的心灵中，已经预存有执行生活态度，并使之固定和加强的各种方法，最重要的方法之一就是激发起心境的能力。我们夜以继日地从事这种工作，但是它出现得较为明显的时间则可能是在夜间。

让我举个例子来说明我们用梦来欺骗自己的方法。战争期间，我是一家收容神经官能症战士医院的院长。当我看到无法作战的士兵时，我总是尽可能地给他们做简单的工作，设法让他们放松。他们的紧张感很明显地减少了，这种方法是相当成功的。有一天，一位士兵来找我，他是我所看过的体格相当健壮的士兵之一，却显得非常沮丧。当我给他做检查时，我拿不定主意该对他采取何种措施。当然，我是希望把每一个来找我的士兵都送回家，但是我开的诊断书全部要通过一位高级军官的认可，因此，我的慈悲也就无法任意施舍了。要在这个士兵的个案中做决定，并不是一件容易的事。最后，我终于说：“你患了神经官能症，但是身体很强健，我会让你做轻松的工作，这样你就不必上前线了。”

这个士兵可怜兮兮地说道："我是个穷学生，我要靠教书来养活年老的父母。如果我不能教书，无法养他们，他们就要饿死了。"当时，我想我应该帮他找个更轻松的工作——送他到军事机关中做事。但是，我生怕诊断书如果真的这样写，那位高级军官会发火，再把他送上前线。结果，我决定尽自己所能地照实填写，我证明他只适合防卫性的工作。当我晚上回家睡觉时，我便做了一个噩梦。我梦见我是个凶手，一面在黑暗的窄巷中奔跑，一面在想我到底杀了谁。我记不起我杀了谁，但是我觉得："因为我犯了谋杀罪，我完了。我的生命已经完了。什么事情都完蛋了！"因此，在梦中，我呆若木鸡、冷汗直流。

醒来后，我的第一个念头是："我杀了谁？"我马上便想起："假如我不把那位年轻士兵安置在军事机关中服务，他可能会被送上前线而阵亡。那么我就成了凶手。"你可以看到我如何激起一种心境来欺骗我自己。我不是凶手，如果这种不幸真的发生了，我也没有罪，但是，我的生活态度不容许我冒这个险。我是医生，我的职责是挽救生命，而不是让生命陷于危险之中。可我再度想起：假如我给他一份轻松的工作，那位军官可能就要送他上前线，这样会把情况搞得更糟。后来我终于拿定主意：假如我要帮助他，唯一该做的事情就是遵从常识的判断，并且不扰乱我的生活态度。因此，我还是出具了他只适合防卫工作的诊断书。后来发生的事情证明遵从常识是对的。那位军官看了我开的诊断书后，把它往桌上一扔，我心想："现在他要送这位可怜的士兵上前线了，我还是应该写明应派他到机关中工作。"不料，军官却批道："到军事机关服务，六个月。"最后，我才知道原来那位军官接受了贿赂，有意要调他到轻松的单位工作。那个年轻人从来没教过书，他说的要教书挣钱养父母之类的话也没有一句实话。他编那个故事，只是要向我证明他只能做轻松的工作，以便那位军官能在我开的诊断书上做批示。从那天起，我再也不轻易受梦的左右了。

梦的目的是欺骗我们自己，并使我们自我陶醉。如果我们了解了梦，它们便不能欺骗我们，也不能再影响我们的心境和情绪。我们将宁可按照常识来解决问题，也不愿再接受梦的启示。假如梦都被了解了，它们的目的也就丧失了。梦是当前现实问题和生活态度之间的桥梁，本来生活态度应该是不需要再加强的，它应该和现实直接接触。但是，梦虽然有许多种不同的变化，每一个梦却都表现出依照个人面临的特殊情境，他觉得自己生活态度的哪一方面需要再加强。因此，对于梦的解释都是属于个人的。我们不可能用一般的公式来解释符号和隐喻，因为梦是生活态度的产物，是从个人对他所处特殊情境的解释中得来的。当我大略描述几种典型的梦时，我无意提出解释梦的秘诀，我只是想利用它来帮助我们了解梦和它的意义而已。

## 常见梦境

有许多人做过飞翔的梦。和其他的梦一样，这种梦的关键在于它们所引起的感觉。它们留下了一种轻快和充满勇气的心境，它们把人由下带到上，它们把克服困难及对优越感目标的追求视为轻而易举之事。因此，它们还能让我们推测出一个勇敢的人，他高瞻远瞩、雄心勃勃，即使在睡眠中也不愿放下他的野心。它们包含了一个问题“我是否应该继续向前”和一个答案“我的前途必定是一片光明的”。

很少有人没有做过由高处摔下的梦。这是非常值得注意的。它表示这个人的心灵保守并担心遭受失败，而不是全心全意要克服困难。我们传统的教育就是警告孩子，要他们注意保护自己，所以这种梦是很容易理解的。孩子们经常受到告诫“不要爬椅子”、“不要动剪刀”、“不要玩火”，他们总是被包围在这种虚构的危险之中。当然，有些危险是真实的，但是把一个人弄得胆小如鼠，是不能帮助他应对危险的。

当人们经常梦见自己不能动弹或赶不上火车时，它通常代表着：“如果我自己不费丝毫力量，这个问题便能安然度过，那我一定很高兴。我必须绕道而行，我必须迟到，免得再看到这个问题。我要等火车开走。”

有许多人梦见过考试。有时，他们会很惊讶地发现，他们竟然会年纪这么大才参加考试，或他们很久以前便已经通过的一门科目，现在又考试通过了。对某些人，这种梦意味着：“你还没有准备好要面临即将到来的问题。”对另一些人，它可能意指：“你以前曾经通过这种考试，现在你也必须通过你眼前的这场考验！”一个人的符号和另一个人的绝对不会相同。关于梦，我们必须首先考虑的是它遗留下来的心境，以及它和生活态度之间的关系。

## 个案研究

有一位三十二岁的神经官能症患者曾经来找我，要求治疗。她在家中排行第二，而且也像大多数次子次女一样很有野心。她总是希望自己得到第一，并尽善尽美、毫无瑕疵地解决自己的所有问题。她爱上了一个年纪比她大的已婚男人，而她的爱人在事业上却是一败涂地。她希望和他结婚，但是他又无法和原配离婚。后来，她梦见当她住在乡下的时候，有一个男人向她租公寓。他搬进来后不久便结婚了。他不会赚钱，也不是个正直或勤勉的人。由于他付不起房租，她只好逼他迁出。稍加分析，我们便能看出这个梦和她现在面临的问题有某种关联。她正在考虑是否要跟一个事业失败的人结婚。这个人很穷，而且无法帮助她。更让她担忧的是，他曾经请她吃晚餐，但却没有足够的钱付账。这个梦的效果是引起反对她结婚的心境。她是个野心勃勃的女人，她不希望和一个穷男人联系在一起。她用了一个比喻来问她自己："如果他租了我的公寓而付不起房租，对这样的房客，我该怎么办？"回答是："他必须马上离开。"

然而，这个已婚男人并不是她的房客，他们可能无法互相比拟。不能供养家庭的丈夫和付不起房租的房客也不完全相同。可是为了要解决她的问题，为了要更安稳地遵行她的生活态度，她给了自己一种感觉："我不能和他结婚。"通过这个方法，她避免了用常识的方式来处理整个问题，而只选出其中的一小部分解决。同时，她把爱情和婚姻的整个问题缩小到似乎它们能够表现在这个隐喻中："一个男人租了我的公寓，如果他付不起钱，他就要滚蛋。"

由于个体心理学的治疗技术始终是指向增加个人应对生活中的问题的勇气，我们不难了解：在治疗的过程中，梦会发生改变，而显现出较为自信的态度。这是一个抑郁症患者在痊愈前做的最后一个梦："我一个人独自坐在板凳上。突然，暴风雨来了。我急忙跑进我丈夫所在的屋子里，因此，我很幸运地避开了风雨。然后我帮着他在报纸的广告栏中寻找适当的职位。"这位患者自己也能够解释这个梦。它很明显地表现出她和丈夫言归于好的感觉。起先，她很恨他，尖刻地指责他的软弱和缺乏改善生活的上进心。这个梦意味着："和我的丈夫在一起，还是比我独自承担风险好。"虽然我们也许会认同这个患者对她所处环境的看法，可是她使自己迁就丈夫和婚姻的方式，仍然隐隐透露出怨偶惯有的不平之鸣。她过分强调了单独生活的危险，而且也不能勇敢而独立地和丈夫合作。

一个十岁的男孩子被带到我的诊所来，他的老师指责他用卑鄙的手段陷害其他同学。他在学校里偷了东西，放在别的孩子的抽屉里，来害他们受处罚。这种行为只有在一个孩子觉得有让别人不如自己的需要时，才可能发生。他要羞辱他们，证明他们是卑鄙下流的。如果他的想法确实如此，我们可以猜测：这必然是在家庭中学的，他肯定是希望陷害家中的某个人。当他十岁的时候，他曾经向街上的一位孕妇投掷石头，这惹起了麻烦。他可能在十岁时就已经知道怀孕是怎么一回事了。我们还能推测出他可能不喜欢怀孕的人。我们难免要猜想，是否有小弟弟或小妹妹的降生使他觉得不开心？在教师的报告上，他被称为“害群之马”，他跟同学们捣蛋，给他们取外号，打他们的小报告。他追赶小女孩，甚至打她们。现在我们大致可以猜测出，他有一个和他互相竞争的妹妹。

后来，我们得知，他是两个孩子中的老大，有一个四岁的妹妹。他的母亲说他很喜欢他的妹妹，而且一直对她很好。我们很难相信这种话，因为这样的男孩子是不可能喜爱妹妹的。以后，我们还要证明我们的怀疑是否正确。这位母亲还说，她和她丈夫之间的关系是很理想的。这对于这个孩子真是件憾事。很明显，他的父母对他所犯的任何错误都没有什么责任，他的这些错误行为是出自他邪恶的本性，出自他的命运，或出自他遥远的祖先！我们经常听到这种理想的婚姻，这样优秀的父母和这样浑蛋的小孩！教师、心理学家、律师和法官都是这种不幸的见证人。其实，“理想”的婚姻对小孩子而言，可能是非常刺眼之事；假如他看到妈妈向爸爸献殷勤，他可能会觉得十分恼火。他要独占他母亲的注意力，他不喜欢她对其他人有情感的表示。假如美满的婚姻对孩子不好，而不完美的婚姻对孩子更糟，那我们该怎么办呢？我们必须使孩子和前者合作，我们必须把他真正地带入婚姻关系中。我们应该避免让他只依附于父母之一。我们考虑到这个孩子可能是个被宠坏的孩子，他要吸引母亲的注意力，当他觉得自己受到的关怀不够时就要惹麻烦，从而达到他的目的。

我们马上就发现这种见解的证据了。这位母亲从来不自己责罚这个孩子，她总是等他的父亲回来惩罚他。也许她会心软，她觉得只有男人才配发号施令，只有男人才有力量处罚别人。也许她希望这个孩子依附于她，并深恐失去他。无论如何，她把孩子培养得对父亲没兴趣，不愿和他合作，并且经常和他发生摩擦。我们还听说，他的父亲虽然全心全意地照顾着他的家庭，但是由于这个孩子，他在一天工作结束之后总是不想回家。这个孩子犯错误时他的父亲很严厉地责罚他，并常常鞭打他。据说，这个孩子并没有因此而憎恨他的父亲。但我认为这是不可能的，这个孩子并不是低能儿童，他只是已经学会了很巧妙地隐藏起他的情感。

这个孩子喜欢他的妹妹，却并不愿意和她一起好好玩，他时常掴她耳光或踢她。他睡在餐厅的沙发上，他的妹妹则睡在父母房间中的一张小床上。现在，假如我们设身处地地替这个孩子着想，此时我们的心情和他一样，父母房间中的那张小床也会使我们感到难过。他要占有母亲的注意力，可是在晚上他的妹妹却和母亲靠得这么近。他必须设法让母亲亲近自己。这个孩子的健康状况良好，他出生时很顺利，哺食母乳达七个月。当他初次改用奶瓶吃奶时，他呕吐了。以后，他的呕吐断断续续发生，直到三岁。大概他的肠胃不大好。目前他饮食正常，营养也相当良好，但是他对自己肠胃的注意力犹存。他把它当作自己的弱点。现在，我们更可以理解他为什么要向孕妇扔石头了。他对饮食非常挑剔。他不喜欢家里的饭，他的母亲给他钱，让他到外面买自己喜欢吃的东西。然而，他还是对邻居们到处宣扬，他的父母没有给他足够的东西吃。这一类的把戏他已经演练多次了。他达到优越感目标的方法就是诋毁别人。

现在，我们已经可以了解他到诊所来时所说的一个梦了。“我是西部的牧童，”他说，“他们把我送到墨西哥，我自己再打开血路，回到美国。有一个墨西哥人想来阻拦，我就在他肚皮上踢了一脚。”这个梦意味着：“我被敌人四处包围。我必须努力奋战。”在美国，牧童被当作英雄人物一般崇拜，他以为追赶小女孩或踢别人的肚皮都是英雄作风。我们已经看到，肚子在他的生活中扮演了重要的角色——他把它当作容易受伤的要害部位。他自己曾经受到肠胃不良之苦，而他的父亲也患有神经性胃病，常常抱怨胃不舒服。在这个家庭中，胃已经被提升至很重要的地位了。这个孩子的目标是攻击别人的弱点。他的梦和他的动作都丝毫不差地表现出同样的生活态度。他生活在梦里面，如果我们无法唤醒他，他会继续用这种方式生活下去。他将不仅和父亲、妹妹、小男孩、小女孩发生争斗，还会向想阻止他做这种争斗的医生宣战。他梦想式的冲动会刺激他继续设法成为他所谓的英雄，征服别人，除非他能醒悟他是在欺骗自己，此外便没有哪一种治疗能帮助他。

在诊所里，我们向他解释了他的梦。他觉得自己生活在敌国里，每一个想惩罚他、把他带到墨西哥的人，都是他的敌人。下一次，他再到诊所来时，我们问他：“从上次我们见面以后，发生了什么事没有？”“我做了坏孩子。”他回答道。“你做什么事了？”“我追赶了一个小女孩。”这种说法不仅是坦白，它还是一种夸口、一种攻击。他知道，这里是医院，这些人想改变他，所以他坚持他仍然是坏孩子。他似乎在说：“别想改变我，我会踢你的肚皮！”我们该拿他怎么办呢？他仍然做梦，仍然在其中扮演着英雄。我们必须先消除他由这个角色所获得的满足感。“你难道相信，”我们问他，“英雄真的只会追赶小女孩吗？这种英雄作风岂不是太蹩脚了？如果你要当英雄，你就该去追赶大女孩子！否则你就不要追赶女孩！”这是治疗的一方面。我们必须让他清楚地认识到，不要再急着想继续这种自讨苦吃的生活态度，以免将来后患无穷。另一方面是要鼓励他合作，让他发现生活中有用一面的重要性。除非一个人害怕采用生活中有用的一面会遭受到挫败，否则他是不会固守在无用的一面的。

一个二十四岁的单身女孩子从事着秘书工作，她总是抱怨老板那种欺软怕硬的作风，她觉得忍无可忍。她还觉得无法与人交往或保持友情。经验使我们相信，一个人如果无法与人交往，很可能是因为她希望驾驭别人，其实，她只对自己有兴趣，她的目标在于表现她个人的优越感。她的老板可能也是这种人。他们两个都想指挥别人。两个这样的人碰在一起，是注定要发生困难的。这个女孩子是家中七个孩子里年龄最小的，也是家里的宠儿。她外号叫“汤姆”，因为她一直想当男孩。这更增加了我们的怀疑：她是否以驾驭别人作为自己的优越感目标？她可能以为只要男性化，就能够主宰别人或控制别人，而且自己不受别人控制。她很美丽，她认为别人喜欢她，是因为她甜美的脸庞，所以她一直很怕面部受到伤害。在我们的时代，美丽的女孩容易给人深刻的印象，也容易控制别人，这个事实她也知之甚深。然而，她却希望当男孩子，并用男性化的方式来驾驭别人，所以她从不曾因她的美丽而感到得意过。

她的最早记忆是被一个男人惊吓过。她承认，现在她仍然很怕受到强盗或疯子的侵袭。一个想要男性化的女孩子，竟然会怕强盗和疯子，这件事似乎很奇怪。但是仔细一想，这也没什么奇怪的。她希望生活在一个她能够随意控制的环境里，对其他的环境则要尽量避开。强盗和疯子是她无法控制的，因此她希望他们能彻底地消失掉。她希望不费吹灰之力地男性化，假如失败了，便装聋作哑、视若无睹。由于对女性角色的深刻不满，在她的“男性宣言”中带有浓厚的火药味道——“我是男人，我要击垮身为女人的种种不利！”

让我们看看，在她的梦中，是否也能看到同样感觉的迹象。她经常梦见自己独自一人。她是个被宠惯的孩子，她的梦意指：“我必须受人照顾。让我孤零零一个人是很不安全的。别人会欺负我、攻击我。”另外一个她常常做的梦是她的脉搏停止了。她是在说：“小心！你有失掉东西的危险！”她不愿意自己失掉任何东西，她尤其不愿意失掉控制别人的力量，可是她只选了生活中的一件东西——脉搏停止——来代表这整个事情。这个例子还可以说明梦如何创造出感觉来加强生活态度。她的脉搏并没有停止，但是她要它停止，这种感觉便留了下来。她还有一个比较长的梦，更能帮我们看清她的态度。“我到一个游泳池去游泳，那里有许多人，”她说，“有些人注意到我站在他们的头顶上。我听到有人尖叫，并感到他紧盯着我。我摇摇欲坠，似乎有摔下来的危险。”假如我是个雕刻师，我就会这样刻画她：站在别人头上，把别人当作踏板。这是她的生活态度，也是她喜欢引起的感觉。然而，她发现她的地位并不安稳，她以为别人也会体会到她的危险，他们应当小心地看护着她，这样她才能继续站在他们头上。在水中游泳时，她是很不安全的。这是她生活的全部故事。她已经固定下她的目标：“尽管我是女孩子，我还是要当男人！”她像大部分家中最小的孩子一样野心勃勃，但是她要的是表面上的优越，而不是要使自己获得适当的处境，而且她也始终生活在恐惧失败的威胁之下。如果我们要帮助她，我们应该找出使她安分守己地扮演女性角色的方法，消除她对异性的恐惧和对男人价值的高估，并以平等而友善的态度对待其伙伴。

另外一个女孩子，当她十三岁时，她的弟弟在一次意外事件中离开了人世。她诉说自己的早期记忆：“我弟弟开始学走路的时候，他攀住一张椅子想站好，椅子倒了，压在他身上。”这是另一次意外事件，我们可以看出她对这个世界中的种种危险的感受是多么深刻。“我最常做的梦是非常奇怪的，”她说，“我经常梦见独自一人在街上走着，街上有一个我看不见的大洞，往前走时，我便掉进洞里，洞里充满了水，一碰到水，我就打个冷战，醒过来，心脏跳得好厉害。”这个梦并不像她想象中那么奇怪，但是假如她继续受到它的惊吓，她必定会依旧以为它是神秘难解的。这个梦告诉她：“小心！前面有许多你所不知道的危险！”然而，它的意思还不止于此。假如她的地位卑微，她就不可能再摔下来。如果她有摔下来的危险，她一定觉得自己高人一等。因此，在这个例子里，她似乎还说：“我超于别人之上，但是我必须小心，以免跌下来！”

在另一个例子中，我们将看到同样的生活态度是否会在最初记忆和梦中发生作用。有个女孩子告诉我们：“我很喜欢看人家建造房子。”我们猜测她是很合作的。一个女孩子当然不能参加造房子的工作，但是从她的兴趣中，可以看出她喜欢分担别人的工作。“那时，我是个小娃娃，站在一扇很高的玻璃窗前，那些窗子的玻璃方格就像昨天刚见过一般历历在目。”如果她注意到窗子很高，她在心中必然已经有高和矮的对比关系。她是指：“窗子很大，而我很小。”事实正如我所料，她的个子很小，所以她才会对大小的比较这么敏感。她说她这么清楚地记得这件事，也是一种夸口而已。现在，让我们讨论她的梦：“我跟好几个人一起坐在一辆汽车里。”正如我们想象的，她很合作，喜欢和别人在一起。“我们开车疾驶，一直开到丛林前面才停下来。大家都下车，跑进树林里面去。他们大多长得比我高大。”她再次注意到大小之别。“但是我要他们赶去搭乘电梯，它开进了一个十英尺（约三米）深的矿坑里面。我想如果我们走出去，我们一定会瓦斯中毒。”大部分人都会畏惧某种危险，人类并不是十分勇敢的。“后来，我们很安全地出去了。”我们可以看到这种乐观的态度。一个人如果是合作的，他必定也是勇敢、乐观的。“我们在那里逗留了几分钟，然后再上来，很快地跑向汽车。”

我相信这个女孩子始终是乐于合作的，但是她希望自己再长得高大一点。我们可能发现她有某种紧张的表现，例如要踮起脚尖走路等；但是她对别人的喜好和对共同成就的兴趣，却已经足以使之消逝于无形了。

# 第六章

# 家庭的影响

从降生之时起，婴孩就想要把自己和母亲联系在一起。这是他各种动作的目标。在最初几个月中，母亲在他的生活里扮演了最重要的角色，他几乎是完全依赖她。他合作的能力就是在这种情境下最先发展出来的。母亲是婴孩第一个接触到的人，也是除了他自身之外，最先使他感兴趣的人。她是他通往社会生活的第一座桥梁，一个完全不能和母亲（或另外某一个代替母亲地位的人）发生联系的婴孩，必定会走上灭亡之途。

这种联系不仅非常密切，而且影响深远，因此在以后的岁月里，我们就无法指出他的哪些特征纯粹是出自遗传的效果。每一种可能是得自遗传的倾向，都已经被他的母亲修正、培养、教育而改头换面过了。母亲的技巧是否优良，影响了孩子的所有潜能。所谓母亲的技巧，我们指的是她和孩子合作的能力，以及她使孩子和她合作的能力。这种能力是无法用教条来传授的。每天都会产生新的情境，其中有千万点都需要她应用她对孩子的领悟和了解。她只有真正对孩子有兴趣，而且一心一意要赢得他的情感，并保护他的利益时，才会有这种技巧。在她的各种活动之中，我们都能看出她的态度。每当她抱起她的孩子四处走动，对他喃喃自语，替他洗浴，或喂他食物时，她都有使他和自己发生联系的机会。如果她对自己的工作训练不够，或对他缺乏兴趣，她势必会动作粗野，而这会引起孩子的反感。如果她没有学会怎样帮孩子洗浴，孩子会感到洗澡是件不愉快的事情，结果是孩子不但不会和她产生亲密的联系，反倒会设法逃避她。她安置孩子上床的方式，她的一举一动，她的一颦一笑，都必须非常巧妙。她照顾他或让他独处的技巧，也必须恰到好处。她必须顾及他的整个生活环境——新鲜的空气、房间的温度、营养的状况、睡眠的时间、身体的习惯、房屋的整洁等。在每个小地方，她都为孩子提供了一个喜欢她或讨厌她、愿意合作或拒绝合作的机会。

在母性的技巧之中并没有什么神秘的力量，所有的技巧都是长期训练和关注的结果。母性的准备在生命的早期便已经开始了。从一个女孩对比她年幼孩子的态度，以及她对婴儿和她未来工作的兴趣，便可以看出母性的第一步。对男孩和女孩都施予同样的教育，让他们以为将来他们要从事完全相同的工作，这种教育方法并不可取。假如我们希望培养出很有技巧的母亲，我们必须教女孩子以母性，让她们喜欢当母亲，把母亲的工作视为一种创造性的工作，而且在以后的生活里，当面临自己所要扮演的角色时不会感到束手无策。

很遗憾的是，在我们的文化中，女性母性部分的价值却被视为微不足道。假如人们重男轻女，男性的角色占有较优越的地位，女孩子自然不会喜欢她们未来的工作。没有人会因居于臣属的地位而感到满足。这样的女孩子结婚后在即将拥有自己子女的时候，她们会以各种各样的方式来表现她们的抗拒。她们不愿意也不准备要孩子，她们不期望孩子的到来，也不觉得养育孩子是件有趣的创造性活动。这可能是我们最大的社会问题，却很少有人正视它。人类的整个社会都维系于女性对母性的态度。然而，几乎在每一个地方，女性在生活中的地位都被低估，而且被认为是次要的。即使在童年时期，男孩子们也常常觉得家务是仆役的工作，似乎他们的尊严不容许他们插手做家务。人们很少把整理家务当作女性的一大贡献，而是视之为贬抑，这犯了严重的错误！

母亲和外界的种种关系并不是很简单的，她和孩子的联系不应该被过分强调。不管是为了母亲，还是为了孩子，这一点都必须特别注意。过分强调一个问题，其他的问题就会被忽视。即使我们遇到的是一个简单的问题，如果我们稍稍重视，也比完全漫不经心好。和母亲发生关联的，有她的孩子、她的丈夫，以及围绕着她的整个社会生活。她必须对这三种联系给予相等的注意，她必须凭借常识冷静地面对这三者。假如母亲只考虑她和孩子们的关系，她难免要宠坏他们。她会使他们很难发展出独立性以及和别人合作的能力。在她使孩子和她自己成功地联系在一起以后，她的第二个工作是把孩子的兴趣扩展到他父亲身上。然而，假如她自己对这位父亲缺乏兴趣，那么这项工作就几乎不可能完成。以后，她还要使孩子的兴趣转向环绕着他的社会生活，转向家里其他的孩子，转向朋友、亲戚和其他人。因此，她的工作是双重的：她自己必须给予孩子一个可信赖人物的最初经验，然后她必须准备将这种信任和友谊扩展开，直到它包括整个人类社会为止。

如果这位母亲只专心要使孩子对她自己有兴趣，他以后可能会憎恶所有想使他对别人发生兴趣的企图。他总是寻求母亲给他支持，对于他认为能夺走母亲关怀的竞争者则满怀敌意。她对她的丈夫或家庭中其他孩子表现出的关切，都会被孩子认为是对自己权益的剥夺。这个孩子会发展出一种观点："我的母亲属于我，不属于其他人。"现代的心理学家大多误解了这种情况。例如，在弗洛伊德学派的俄狄浦斯理论中，假设孩子有一种倾向：爱恋上母亲，并希望和她结婚；憎恨父亲，并希望杀死他。如果我们了解了孩子的发展，这种错误就不可能发生。俄狄浦斯情结只产生在希望占有母亲全部注意力，并逃避开其他人的孩子身上。这种欲望与性无关。它是一种支配母亲的欲望，他要完全控制她，使她成为"奴仆"。只有被母亲骄纵，并且对世界上的其他人没有同胞感的孩子，才会有这种欲望。在非常少数的例子里，始终只和母亲联系在一起的男孩子，会把她当作解决自己爱情和婚姻问题的对象，但是这种态度的意义是，他除了母亲之外，就无法想出有任何人肯和他合作。他不相信有其他的女人能够成为和母亲一样的"臣仆"。因此，俄狄浦斯情结是由于教育错误所造成的人工产物。我们不需假设由遗传得来的乱伦本能，也不必想象这种变态的本能和性有什么关联。

一个被母亲束缚在身边的孩子，一旦进入一个不再和她联系在一起的情境，麻烦就开始发生了。例如，当他到学校去，或在公园里和其他孩子一起玩时，他的目标仍然是要和他的母亲联系在一起。不管是什么时候，他都不愿和她分离。他希望永远把妈妈拖在身边，占据她的思想，并使她关心自己。他有许多种方法可以用。他可能变成妈妈的心肝宝贝，永远软弱、撒娇，以博取同情。他可能动不动就哭泣或装病，以表示他是多么需要被照顾。另一方面，他也可能时常动怒，他可能不服从母亲或和她争执，以获得关注。在问题儿童之中，我们发现了各式各样被宠坏的孩子，他们挣扎着要获取他们母亲的关注，并抗拒由环境带来的每一种要求。

孩子很快就会熟练地找出哪一种方法最能够有效地吸引母亲的注意力。被宠坏的孩子通常都害怕独自一人的时候，尤其是单独待在黑暗中。他们害怕的并不是黑暗本身，他们是利用害怕来使母亲跟他们更接近。有一个被宠坏的孩子，在黑暗中总是哭闹不休。一天晚上，当他的妈妈听到他的哭声走过来时，她问他："你为什么害怕呢？""因为黑暗。"他回答道。但是他的妈妈现在已看破他行为的目的了。"难道我来了后就不暗了吗？"她说道。黑暗本身并不重要。他对黑暗的害怕，只是因为他不喜欢和母亲分开。假如这样的孩子和母亲分开了，他会运用所有的情绪、所有的力量、所有的心智能力，来造成一种他的母亲必须和他接近，并且再和他联系在一起的情境。他可能用尖叫、用呼喊、用无法睡眠，或用故意和自己过不去的其他方法叫她过来。教育家和心理学家最常注意到的一种方法是害怕。在个体心理学中，我们不再关心着要找出害怕的原因，而是要分辨出它的目的。所有被宠坏的孩子都会害怕某些东西，他们利用他们的害怕来吸引注意，结果就使这种情绪成为他们生活态度的一部分。他们利用它来获得和母亲重新紧密联系的目标。胆小的孩子一定是被宠惯的孩子，而且他还想继续受宠。

有时，被宠坏的孩子会害怕梦魇，并且在睡眠中大哭出声。这是一种众所皆知的病症，但是只要睡眠被认为是和清醒相互对立的状态，它就不可能被理解。然而，这是错误的，睡眠和清醒并不相互对立，它们是同一种东西的变异。在被宠坏孩子的梦里，他的行为方式和清醒时大致是相同的。他想改变情境使之符合自己利益的目标影响了他的整个身体和心灵，在经过培养和积累经验之后，他会找出达到其目标最有效的方法。即使在他睡眠的思想中，和他目标符合一致的影像和记忆也会进入他的心灵。一个被宠坏的孩子，在几次经验之后会发现，如果他想再和母亲在一起，在梦中吓坏自己的方法是非常有用的。即使他们长大了，被宠坏的孩子仍然会保留他们那充满焦虑的梦。在梦中被吓坏是获取关注的工具，现在它已经成了机械式的习惯。

这种焦虑的利用是很普遍的，假如我们听到哪一个被宠坏的孩子在睡觉时从来不惹麻烦，那才是奇怪的事。吸引注意力的把戏种类是非常繁多的。有些孩子发现他们的睡衣很不舒服，或吵着要喝水；有些孩子会害怕强盗或野兽；有些孩子除非他们的父母坐在床边，否则就无法入睡；有些孩子会做噩梦、跌下床或尿床。我治疗过一个在夜间似乎从来不惹麻烦的被宠坏的孩子。她的母亲说她睡得很甜，不做噩梦，不会在半夜醒来，完全没有出过乱子。她只有在白天时才惹出种种问题。这真令人感到惊奇。我提出了许多种为了吸引母亲的注意力而患上的病症，但是这个女孩子一样也没有患上。最后，我终于恍然大悟。“她睡在哪里？”我问她的母亲。“在我的床上。”她回答道。

对被宠惯的孩子而言，疾病是求之不得的事。因为当他们生病时，他们会比平常更受关注。这样的孩子经常在得过一场疾病之后不久，才会显出问题儿童的行径，乍视之下，仿佛是这场病把他变成问题儿童的。其实这是因为他在痊愈之后，还记得自己患病时受到的宠爱。如果病后母亲不再像当时那么宠他了，他便会制造问题来作为报复。有时候，一个孩子会注意到另一个孩子是如何因为患病而获得众人关注，他也希望自己得病，他甚至会亲吻病童，希望能感染上他的病。

有一个女孩子曾经住院四年，并且非常受医生和护士们的宠爱。当她回家后，起初她的父母也很宠爱她，但是过了几个星期后，他们对她的关怀减少了。这时，假如她要求某件东西而不能如愿时，她会把指头放进嘴里，说："我还住在医院里呢！"她在提醒别人她曾经得过病，并且想再回到能让她随心所欲的情境。在成人中，我们也能看到同样的行为，他们常常喜欢谈他们的疾病或动过的手术。另一方面，有时候，曾经让父母大伤脑筋的孩子在一场疾病之后会恢复正常，不再骚扰他们。我们已经说过，身体的缺陷是孩子们的一种额外负担，但是我们也说过，它们并不足以解释孩子们性格上的不良特征。因此，我们不免要怀疑：身体障碍的消失是否对这种改变有所影响？有一个在家中排行第二的男孩子，他说谎、偷窃、逃学、残忍、不服从，惹出了许多麻烦，他的老师对他束手无策，因此主张送他进感化院。正在这时，这个孩子病倒了。他的臀部患了结核症，结果在石膏床上躺了半年。当他病愈后，变成了家中最乖的孩子。我们无法相信这场疾病会对他造成这样的效果，很清楚，这种改变是因为他认识到了他以前的想法是错误的。以前，他一直认为父母偏爱他的哥哥，并觉得自己受到了忽视。在患病期间，他发现每一个人都照顾他、帮助他，从此，他便大彻大悟地放弃了别人总是忽视他的观念。

假如人们认为要补救母亲们经常造成的错误，最好的方法就是不要让她照顾孩子，并且把孩子送进幼儿园，让阿姨看顾，那这种想法就实在太可笑了。如果我们要找一个代替母亲的人，那么这个人就是能够扮演母亲角色的人——她自己本身一定要像母亲一样对孩子们感兴趣。幼儿园的阿姨当然不可能比孩子的母亲更对孩子感兴趣。在孤儿院长大的孩子经常对别人缺乏兴趣，因为没有人能在这些孩子和其他人之间架起人际关系的桥梁。以前，有人曾经对一些在孤儿院长大而成长过程不太顺利的孩子做过一项实验。他们找了许多护士和修女给予这些孩子个别照顾，或把他们安置在私人家里，让家庭中的母亲像对待自己孩子一般对待他们。结果显示，只要保姆选择恰当，他们的情况都会有显著进步。养育这种孩子的最好方法，是帮他们找到能代替母亲或父亲角色的人，让他们过上平常的家庭生活。因此，假如我们把孩子从父母身旁带走，我们的当务之急也是帮他找寻能够履行父母责任的人。有许多失败者都是孤儿、私生子、被遗弃的孩子，以及由于父母的婚姻破裂而留下的孩子，从这些事实可以看出母亲的温暖和照顾是多么重要。大家都知道，继母是非常难当的，因为前妻留下的孩子常常会反抗她们。然而这个问题并非无法解决，我曾经看到很多人成功地化解了这个问题。但是大多数的女人都不了解这种情境。在母亲去世之后，孩子可能会将依赖转向父亲，并受到他的宠爱。现在，他觉得父亲的关怀被剥夺了，因此而攻击他的继母。假如她觉得她必须反击，那么孩子可就真的惨了。她可能转而向孩子挑战，而孩子的反抗会变本加厉。和孩子的争执必然是一场持久战，他绝不会因为在争执中得胜或失败而妥协。在这些争执中，最软弱的方法才是最有效的。如果非得要求孩子给予某些东西，他必定会拒绝。假如我们都能体会到合作和爱情是绝对无法用武力获得的，那么在这个世界上，一定可以避免没有必要的紧张和没有用处的努力。

## 父亲的角色

在家庭生活中，父亲的地位和母亲的地位同等重要。最初，父亲和孩子的关系并不亲密，他的影响会在晚些时候才产生效果。我们已经说过，假如母亲不能把孩子的兴趣扩展到父亲身上可能造成的危险，这种孩子在社会感的发展上可能遭受严重的阻挠。对孩子而言，父母婚姻不美满的家庭也是充满危险的。他的母亲可能觉得自己的力量不足以把父亲留在家庭里，因此她希望完完全全地保有她的孩子。也许父母双方都会为他们私人的利益而把孩子当作争执的焦点。他们都希望孩子依附自己，爱自己更甚于爱对方。如果孩子们发现了父母之间的冲突，他们可能很有技巧地让父母来争夺他们。结果在父母之间便产生了一种竞争，来看谁最善于管理孩子或谁更宠爱他们。

在这种家庭气氛中长大的孩子，是不可能培养出合作的能力的。他最先对其他人之间合作的感受，就是父亲和母亲之间糟糕的合作关系，这样的父母不可能教会孩子如何合作。而且，孩子对婚姻和异性伴侣最初的概念，也是从他们父母的婚姻中得来的。在不美满的婚姻下长大的孩子，除非他们最初的印象被纠正过来，否则他们对婚姻会持有悲观的看法。即使成年之后，他们也会觉得婚姻注定是不幸的。他们设法避开异性，要不然就认定他们对异性的追求不可能获得成功。因此假如父母的婚姻不和谐，不是社会生活的产物，也不能作为社会生活的准备，那么孩子一定会遭受重大的障碍。婚姻的意义是两个人结合以谋求他们相互的幸福、他们孩子的幸福，以及社会的幸福；如果它在任何一方面失败了，它就无法和生活的要求协调一致。

因为婚姻是伴侣式的结合，所以两个人都不应该想统驭对方。这一点值得详加讨论，不能只当作老生常谈。在家庭生活的全部行为之中，并不需要应用权威；假如其中有一位成员特别突出，或比别人更受重视，那一定非常不幸。如果父亲脾气非常暴躁，而且想驾驭家庭中的其他成员，则男孩子们对男性应有的作风就会形成错误的观点。女孩子会受害更深，在以后的生活中，她们会把男人想象成暴君，婚姻则会被看作一种奴役关系或臣属关系。有时候，她们会以性欲倒错的方式企图避开异性。假如母亲在家庭里更富有权威，整天对家里的其他人唠叨，这种情势会倒转过来。女孩子可能会模仿她，变得刻薄而挑剔；男孩子则始终处在防御的地位，怕受批评，尽量寻找机会表现他们的恭顺拘谨。有时候，不止母亲是暴君，姐姐、姑姑等都会加入管束他的阵营。结果，他会变得保守，畏缩不前，不敢参加社交活动。他怕所有的女性都有这种唠唠叨叨、吹毛求疵的态度，因此他对全体女性一律敬而远之。没有人喜欢受批评，但是假如一个人把逃避批评作为生活的中心点，那他跟社会的各种关系都会受到干扰。他看每件事情的时候，都会遵照他的感觉表来推断："我是征服者还是被征服者？"这些人把和别人的关系当作决定胜负的场所，他们自然不可能知道友情为何物。

父亲的任务可以用几句话来总结一下。作为父亲，他必须证明他对妻子、对孩子，以及对社会都是一个好伙伴。他必须以良好的方式应对生活的三个问题——职业、友谊和爱情。他必须站在平等的立场和妻子合作，照顾并保护他的家庭。他不能忘记妻子在家庭生活中所占有的创造性地位是不容贬抑的，他的责任不是贬低妻子的母亲角色，而是和她一起合作。在金钱方面，我们应该特别强调，即使父亲是家庭主要的经济来源，它仍然是家庭共有的。父亲绝不应表现得好像他在施舍，其他人则在收受。在理想的婚姻中，由男主人提供家庭的经济来源只不过是家庭成员间分工合作的结果而已。有许多男人利用他们在家中的经济地位作为统治家庭的筹码。在家庭中不应有统治者，应设法避免每一个能造成不平等感的机会。每一位父亲都应该了解，我们古代的文化过分强调了男性的优越地位，结果他的妻子在和他结婚之后，便生怕自己会受到贬抑而被置于低下的地位。他不能因为他的妻子是女性，不会像他一样赚钱养家，便以为妻子不如自己。无论妻子对支持家庭的经济来源是否出过一臂之力，如果家庭生活是真正和谐的，那么由谁赚钱养家或由谁来承担家务，都不应成为问题。

父亲对孩子的影响非常大。许多孩子在一生之中都把他们的父亲当作偶像崇拜，另外有些孩子则视之为最大的仇敌。处罚，尤其是体罚，对孩子总是有伤害的。不能以友善的方式进行的教育便是错误的教育。非常不幸的是，在家庭中惩罚孩子的责任经常落在父亲头上。我们说它不幸，有以下几个原因。第一，它使母亲有一种观念，以为妇女不能真正教育她们的子女，以为她们是需要强有力的臂膀来帮忙的弱者。如果母亲告诉她的孩子：“等你爸爸回来教训你！”她等于是暗示他们：把父亲当作最后的权威以及生活中的实力人物。第二，它破坏了父子之间的关系，让孩子们怕父亲，而不觉得他是可亲近的朋友。也许有些母亲怕一旦她们自己要惩罚孩子，她们就会失去孩子们的情感，但是要解决这个问题并不能把惩罚孩子的责任推给父亲。孩子们并不会因为她找来一名惩罚的执行者而不对她心怀怨恨。有许多母亲仍然利用“告诉你爸爸”作为强迫孩子们服从的手段，这些孩子对男性在生活中的地位会做何感想？

假如父亲是以积极的方式应对生活的三个问题，他会成为家庭的中坚，他是好丈夫，也是好爸爸。他容易与人相处，能够结交朋友。如果他结交了朋友，那么他已经使他的家庭成为他四周社会生活的一部分。他不离群索居，也不受传统观念的束缚。家庭之外的影响力能够进入家庭，而他也会以身作则地教给孩子社会感和合作之道。即使丈夫和妻子各有不同的朋友，也没有什么关系。但是他们都应该有相同的社交生活，并避免因友谊问题而闹得貌合神离。当然，我的意思并不是说他们应该朝夕相守、寸步不离，而是说他们在彼此共处之际，应该不会感到有什么困难。假如丈夫不愿意把妻子介绍给他的朋友，这种困难便发生了。在这种情况下，他的社会生活的中心是在家庭之外。在孩子们成长的过程中，有一件非常重要的事情，就是让他们知道家庭是社会的一个单位，在家庭之外还有许多值得信赖的朋友。

如果父亲和他自己的父母、兄弟、姐妹相处得都非常好，孩子的合作能力便有了很有利的前兆。当然，他终须离开家庭，独自成家立业，但是这并不意味着他不喜欢家庭，要和他们决裂。有时候，两个很依赖父母的人结了婚，他们会过分重视他们和原来家庭之间的联系，当他们提到“家”时，他们指的是他们父母的家。假如他们认为他们的父母仍旧是家庭的中心，他们就不能建立起真正属于他们自己的家庭生活。这个问题和每一个牵涉到的人的合作能力都有关系。有时候，男方的父母善妒，他们想要知道儿子生活的每一个细节，并给新家庭添加种种麻烦。他的妻子觉得自己不受尊重，并对公公婆婆多管闲事感到恼怒万分。这种情况尤其在男方不顾父母的反对而结婚的情况下最容易发生。假如他们对儿子的婚事不满意，他们可以在结婚之前表示反对，但是既然结婚了，那就只有一条路可以走——他们应该尽其所能促成婚姻的美满。假若无法避免门户不相当的情形，丈夫应该了解其中的困难，不必因此而感到苦恼。他应该把父母的反对看作父母本身的错误，同时应尽力证明自己选择妻子的做法是正确的。夫妻双方没有必要把他们的愿望呈给他们的父母核准，但是假如大家能彼此合作，而妻子也觉得公公婆婆确实能为他们的幸福和利益着想，那么事情的进行显然会顺利得多。

每个人最明确地期待父亲完成的行为，是他能解决职业问题。作为父亲，男人必须接受职业训练，必须能养活他自己和家庭。在这方面，他可能会得到妻子的帮助，以后孩子们可能也会给他帮助，但是在我们现代的文化环境下，经济责任主要还是落在男人肩上。要解决这个问题，他必须工作，必须勇敢，必须了解他的职业并知道它的利弊，必须在他的行业中和别人合作，让别人对他有好感。不仅如此，他的态度还影响了他的孩子准备用何种方式面对职业问题。因此，他必须成功地解决这个问题——找到能对社会有所贡献的职业。然而，他本人认为自己从事的职业是否有用倒无关紧要，重要的是工作本身必须有用。我们不必听他的一面之词。如果他认为自己是利己主义者，那固然是可悲的，但是，假如他做的工作对人类共同幸福有所助益，也就无所谓了。

然后，我们要谈的是爱情问题的解决，也就是婚姻和幸福家庭的建造。做丈夫有一个重要条件：他必须对他的配偶深感兴趣。要看出一个人是否对另一个人有兴趣是很容易的事。如果他对她有兴趣，他对她喜好之物也会感兴趣，同时会把她的幸福当作自己必须兼顾的目标。情感不仅能够证明彼此之间有兴趣，有许多种情感还能作为夫妻之间事事和谐的明证。他必须成为妻子的良伴；他必须努力奋斗，以使她的生活更舒适、更富裕；他必须乐观进取，以取悦她。只有夫妻双方都认为他们的共同幸福高于个人利益时，才可能有真正的合作。他们两人对另一方的兴趣都应该比对自己的兴趣更浓。

在孩子们面前，丈夫不应该将他对妻子的情感表现得太露骨。

夫妻之爱不能和他们对孩子的爱相互比较，它们是完全不同的，彼此也不能相互抵消。但是，如果夫妻彼此过分亲密，有时候孩子就会觉得自己的地位降低了。他们会产生忌妒，并希望能和父亲或母亲一争长短。配偶之间的关系不应该被看得太不严肃。此外，父亲对儿子、母亲对女儿理解与性有关的事情时，除了孩子希望知道而且在其发展阶段也能了解的事物外，不必一厢情愿地告诉他们太多的知识。我觉得在我们这个时代有一种倾向，人们想告诉孩子许多他们还无法适当掌握的性知识，结果引起了不恰当的兴趣和好奇，甚至把性不当一回事，而以稀松平常的态度等闲视之。这样子并不见得比以往隐瞒孩子或绝口不谈与性有关的事物的态度更高明。所以，最好先了解孩子希望知道什么，并只回答他们正在思考的问题，而不要从我们自己的角度强迫他们接受我们认为每个人都应该知道的事情。我们必须取得他们的信任，让他们觉得我们会和他们合作，并帮他们找出这个问题的解决方法；假如我们这样做了，便绝不会错得太离谱。另外，有些父母很怕他们的孩子会从同伴处听来有害的性故事，这也是杞人忧天。在合作和独立方面训练良好的孩子，是绝不会受到朋友谈论之害的，而且孩子们在这些事情上经常比他们的长辈还要细心。一个不准备接受错误观点的孩子，自然不会受到“道听途说”的毒害。

在我们现代社会中，总的来说，男人有较多的机会可以经历社会生活，可以知道社会制度的利弊，以及他们自己同国家乃至同全世界的道德关系，他们活动的范围仍然比女性的活动范围大。因此，在这类问题方面，父亲应该作为妻子和孩子们的顾问。他不能利用他较多的经验而过分夸大其词。他不是家庭教师，他应该像朋友一样劝导他们，并且要避免引起反感。假如他们同意了自己的看法，也不必得意忘形。如果他的妻子未曾受过良好的合作训练，而反对他的主张，他也不必坚持自己的观点，或想要运用权威来压制对方，而应该另找可以消除这种抗拒的方法。争执是无法使人心悦诚服的。

一个家庭不应该过分强调金钱，或把金钱当作争论的焦点。女人对金钱大多比丈夫敏感，如果批评她们浪费，她们会深受伤害。金钱的事情应该与家庭的经济能力相符，以合作的方式妥善安排。妻子或孩子也不应该迫使父亲付出在其能力之外所能负担的金额。大家从一开始就应对家中的开支有所计划，以免有人觉得自己吃亏。父亲不能以为他可以只凭金钱来保证儿子的前途。我曾经读过一本美国人写的有趣的小说，其中描述一个白手起家成为富豪的人，他希望自己的子孙后代都能免受贫穷和匮乏之苦。他去找一位律师，请教应该怎么做才能达成这个愿望。律师问他希望连续几代富裕，他告诉律师，他的能力足以使十代子孙过上优裕生活。“当然，你能够做到这一点，”律师说道，“但是，你可知道，你的第十代子孙每人身上的血统都来自五百多名祖先？有五百个以上的家庭都能说他是他们的后代。这样，他们还算不算是你的子孙？”在这里，我们看到了一个事实：不管我们为我们的子孙做些什么事，其实我们都是为整个社会而做的。我们无法脱离这种和同类之间的联系。

如果在家庭中没有权威的存在，那么其中必定会有真正的合作。父亲和母亲必须合力协商有关他们孩子教育的每件事情。他们任何一个人都不应表示他特别偏爱哪一个孩子。这是很重要的。这绝不是在夸大偏爱的危险性。有些孩子会丧失生活的信心，都是因为他觉得家中另一个孩子更受偏爱。有时候，这种感觉并不见得完全正确；但是，假如父母对孩子一视同仁，这种感觉便不会有滋长的可能。如果父母重男轻女，女孩子们的自卑情绪就注定要发生。孩子是很敏感的，假如他们疑心别人更受喜爱，即使是好孩子也可能在生活中走上完全错误之途。有时候，其中一个孩子天资较为聪颖或长得较为可爱，父母很难不表示出对这个孩子的偏爱。但父母应该技巧性地避免将这种偏爱表现出来。否则天资比较优越的孩子会使其他的孩子蒙受阴影，并感到沮丧；他们会忌妒那个孩子，并怀疑自己身上的才能，他们的合作能力也会因此受到打击。父母只是在口头上说没有这种偏爱是不够的。父母应该注意在他们任何一个孩子的心中，是否存有对父母偏心的疑虑。

## 重视与冷落

在家庭合作中，有一个同样十分重要的部分就是孩子之间的合作。只有孩子们觉得彼此是平等的，他们才会对社会产生浓厚的兴趣。也只有男孩们和女孩们觉得彼此平等，两性之间的关系才不会造成重大的困难。有许多人问："同一个家庭中长大的孩子，差异怎么会这么大？"有些科学家把它理解为遗传不同的结果，但是我们认为这是一种迷信。我们可以把孩子的成长比喻为树木幼苗的成长。假如一丛树木种植在一起，事实上它们每一株都各占有不同的情境。如果其中有一株能照到更多的阳光，拥有更肥沃的土壤，那它一定会长得比较快，但它的发展也会影响其他幼苗的成长。它遮住了它们的阳光，它的根四处伸张，吸走了它们的营养。结果，其他幼苗自然会营养不良，发育也会受影响。在一个家庭中，假如有一个成员过分跋扈，结果也是一样的。我们说过，父亲和母亲都不应在家中占有太突出的地位。如果父亲非常成功或才能出众，孩子们会觉得自己的成就不可能和他等量齐观。他们泄气了，他们对生活的兴趣也会受到妨碍。因此，有很多名门子女会使父母或社会大失所望。假如父亲在他的行业中很有成就，他不应在家庭中过分强调他的成功，否则孩子们的发展便会受到阻碍。

在孩子们之间，也应该注意同样的事情。假如有个孩子一枝独秀，他很可能夺走了父母大部分的注意力。对他而言，这是个踌躇志满的得意情境，但其他的孩子却会憎恨这种差别待遇。要让一个人屈居于他人之下而不心存怨恨，几乎是不可能之事。这种杰出的孩子会损及其他的人，如果说他们是在心灵缺乏润泽的状况下成长的，也并非言过其实。他们不会停止对优越地位的追求，因为这种追求是不可能停止的。然而，他们的追求却会转到其他的方向，它们可能是不实际的，或在社会上没有任何用处。

个体心理学在探讨孩子们出生顺序的利弊方面，开拓了一片非常广阔的研究田地。为求简化，我们假设父母亲之间合作良好，并在尽心尽力地教养其子女。可是每个孩子在家庭中的排行仍然会有很大的差异，而且每个孩子也因此而在完全不同的情境下成长。我们必须再次强调，即使在同一个家庭中，两个孩子也不会处于完全相同的情境，因此，每个孩子都会在他的生活态度中，表现出他想适应自己特殊情境所造成的结果。

每个长子都曾经历过一段独生子唯我独尊的时光，当第二个孩子降生时，他便骤然要强迫自己适应另一个新的情境。长子通常都受到大量的关怀和宠爱，他习惯于成为家庭的中心。突然，在毫无准备、措手不及的状况下，他发现自己被逐下了王座。另一个孩子出生了，他不再唯我独尊了。现在，他必须和另一个“对手”分享父母的关怀。这种改变会给他留下重大的影响，我们经常发现：问题儿童、神经官能症患者、罪犯、酗酒者、堕落者，这些人的困难多是在这种环境下开始的，因另一个孩子的降临而深受困扰的感觉铸成了他们的整个生活态度。

其他的孩子也可能在同样情况下丧失其地位，但是他们的感受可能不会如此强烈。他们已经有过和其他孩子合作的经验，他们未曾独占照顾和关怀。但对长子而言，这却是截然不同的转变。如果他确实因为新生子的到来而遭受冷落，我们便无法期望他会心平气和地接受这种情境。如果他愤恨不平，我们也不能怪罪他。当然，假如他的父母曾让他对他们的关爱怀有信心，假如他知道他的地位稳如泰山，最重要的，假如他已经准备好要迎接新生儿的降临，并学会怎样帮忙照顾他，那么，这场危险便会不留恶果地消失于无形。通常，他都没有做好这种准备。新生儿夺走了他原来享有的照顾、情感和赞赏。他开始想把母亲拉回自己身边，并考虑要怎么做才能重新获得别人的注意。有时候，我们会看到母亲在两个孩子之间游移不定，他们两个都想比对方更占有她的注意力。年纪较长的一个通常会强取豪夺，并想出新策略。我们可以推算他在这种环境之下，会做出什么事来。假如我们处在他所处的环境中，追求着他的目标，我们所做的事是和他毫无两样的。我们会找母亲的麻烦，向她反抗，并表现出一些她无法忽视的恶行劣迹。他也会这样做的。结果他把母亲弄得不胜其烦。他以最粗野的方式，运用各种可能的方法拼命挣扎。他的母亲却因为他惹出的麻烦而对他心灰意冷。现在，他可真正尝到不再受人爱的滋味了。他为了得到母亲的爱而争战，结果反而失去了它。他觉得自己被冷落在一旁，他的行为真的使他被冷落在一旁。他觉得自己的理由很充足。“我知道的，”他想，“别人都错了，只有我是对的。”他像是掉在陷阱里，越挣扎陷得越深。他对自己所处地位的认识时时都能获得支持。当每件事情都证明他的想法正确时，他怎么肯放弃这种争战呢？

假如看到这种争战的个案，我们必须研究其个别的环境。如果母亲也对他展开反击，孩子会变得脾气暴躁，动作粗野，好吹毛求疵和拒绝服从。当他背离母亲时，父亲经常会给他一个恢复旧日受宠地位的机会，他便会变得对父亲感兴趣，想要赢取他的情感和注意。年纪最大的孩子通常都比较喜欢父亲，和他一起站在一边就是这个原因。只要看到孩子比较喜爱父亲，我们便能断定：这已经是孩子成长的下一个阶段了。他最早依附于母亲，现在母亲已经将注意力转移到比他小的孩子身上了，他便把情感转移到父亲身上，以作为谴责母亲的一种手段。如果孩子偏爱父亲，我们便猜测他以前可能曾遭遇过一场悲剧。他觉得自己被弃之不顾，他对这件事无法忘怀，而他的整个生活态度也都建立在这种感觉之上。

这种争战相当持久，有时会持续一生。孩子学会了争战和坚持，他在各种情境中都会继续争战下去。如果他找不到趣味相投的人，他就会感到绝望，以为再也无法赢得别人的情感。在他身上，我们会发现脾气乖张、保守畏缩、不能和人坦诚合作等特征。这种孩子慢慢会变得孤立无助。他的所有动作和表现都指向过去他是众人注意中心的那段已经消逝的时光。因此，年纪最大的孩子经常会在不知不觉之中表现出他对过去的兴趣。他喜欢回顾过去、谈论过去。他们是过去的眷恋者，对未来却心存悲观。有时候，这种丧失过权力以及自己一度统治过的小王国的孩子，会比其他孩子更理解权力和威势的重要性。当他们长大后，他会喜欢搬弄权势，并过分夸张规则和纪律的重要性。每件事情都应依法而行，而法律也不准随便更改。权力应该掌握在那些被赋予权力者的手上。我们不难理解：在童年时期，像这一类的经验会造成强烈的保守主义的倾向。如果这种人为自己建立了良好的地位，他总会疑心别人要迎头赶上他，把他拉下王座，并取代他的地位。

长子的地位虽然会造成特殊问题，但如果妥善应对，便能化险为夷。假如在次子出生之前，他已经学会合作之道，那么他便不会遭受伤害。在长子中间，我们经常会发现有些人喜欢保护别人或帮助别人。他们模仿父亲或母亲，经常对年幼的弟妹扮演父亲或母亲的角色，照顾他们、教导他们，并觉得自己对他们的幸福负有责任。有时候，他们还会发展出善于组织的才能。这些都是好的例子。然而，想要保护别人的努力也可能扩展成希望别人仰赖自己或想统治别人的欲望。依据我自己在欧洲和美洲研究的经验，我发现：问题儿童的绝大部分都是长子，紧接其后的是最小的孩子。极端的地位造成了极端的问题！这真是有趣的现象！我们的教育方法还不能成功地解决长子的这种困难。

次子处于一种完全不同的地位，这种情境是不能和任何其他孩子互相比较的。从他出生时起，他便和另一个孩子分享父母的关怀，因此他比长子更容易和别人合作。假如长子不敌视他，也不想压制他，他的境遇是相当舒适的。关于他的地位，最显著的事实就是某些和长子不同之处——在他的童年时期，始终都有一个竞争者存在。在他前面，有一个年龄和发展都遥遥领先的哥哥，他必须使出浑身解数，设法迎头赶上。典型的次子是很容易辨认的。他表现的行为好像他是在参加一场比赛，好像有人比他领先一两步，他必须加紧来超过他。他时时刻刻都在剑拔弩张的状态中。他发奋要压过他的兄长并征服他。《圣经》给了我们许多神妙的心理学暗示，在雅各（Jccob）的故事中，便很高明地描写了典型的次子。他希望成为第一，想取代以撒（Esau）的地位，想打败以撒并超越他。次子总是不甘屈居人后，他努力奋斗想要超越别人。他经常是成功的。此处，我们无法承认遗传在这种发展中有任何影响。假如他很快地超越前进，那只是因为他对自己要求较高。即使在他长大之后，走出家庭圈子，也经常会找一个竞争对手；他常常会拿自己和这个他认为占有优越地位的人互相比较，并想尽各种办法超越占有优越地位的人。

我们不仅在清醒时的生活里可以看到这些特征，在人格的各种表现里发现它们的痕迹，在梦里也很容易发现它们。例如，长子常常会做从高处跌下的梦。他们站在巅峰的地位，但是不敢保证他们能保持他们的优越地位。另一方面，次子经常会梦见自己在参加比赛。他们或许跟在火车后面跑，或许骑着自行车和别人赛跑。有时候，一个人在梦中的这种紧张和匆忙，能够让我们猜测到他是次子。

然而，我们必须强调，这些规则事实上并不是这么呆板的。作风像长子的，并不一定仅限于长子。我们要考虑的是整个情境，而不只是出生的顺序。在大家庭里，较晚生的孩子有时也会处于长子的地位。例如：连续生了两个孩子之后，隔了很长的一段时间才生下老三，之后又紧跟着生了两个孩子，这样，老三就可能具有长子的全部特性。次子亦复如是，第四或第五个孩子降生后，也可能显得像典型的次子。两个一起长大的孩子，只要年龄相距很近，而跟其他的孩子又相差很远，那么他们便会发展出长子和次子的各种特征。

有时候，长子在这场比赛中被击败了，那么你会看到长子会出问题。有时候，他能够保持住他的地位，并压制住弟弟或妹妹，那么惹出麻烦的是次子。假如长子是男孩，次子是女孩，长子的处境会非常困难。他承受不了被女孩击败的危险，这在我们目前的情况下，很可能被他视为一种严重的羞辱。在一个男孩和一个女孩之间的紧张状态比两个男孩或两个女孩之间的紧张状态要高。在这种争执中，女孩子受惠较多。到了十六岁，她在身体和心灵方面都发展得比男孩子快。结果她的哥哥放弃了争执，变得心灰意懒。他会运用恶作剧甚至不择手段来攻击对方，例如吹牛或撒谎。我们几乎可以保证，在这种情况下，赢的总是女孩子。我们会看到男孩子采用了各种错误的途径，可是女孩子却轻而易举地解决了她的问题，并一帆风顺地向前迈进。这种困难是可以避免的，但是要事先知道其危险所在，并采取防范步骤。在家庭里，各成员都应该平等、合作、团结一致；家中不应该有敌对的感觉，也不应该让孩子觉得他有敌人并花费时间与之抗争，这样，才能避免不良的后果。

其他的孩子都有弟弟或妹妹，其他孩子的地位都可能受到威胁，只有最小的孩子例外。他没有弟妹，却有许多竞争者。他一直是家里的小娃娃，而且也可能是最受宠爱的孩子。他面临的是被宠坏的孩子特有的困难。但是，由于他所受的刺激很多，他有许多竞争的机会，最小的孩子经常会以异乎寻常的方式发展，他跑得比其他的孩子快，并超过了他们全体。在人类的历史中，最小的孩子的地位一直未曾改变。在人类最古老的故事里，便已经有最小的孩子如何超过兄姐的记载。在《圣经》里，征服者总是最小的孩子。约瑟（Joseph）被当作最小的孩子抚养大。约瑟出生之后十七年，本雅明（Benjamin）出世了，但是本雅明对他的发展却没有任何影响。约瑟的生活态度完全是最小的孩子的生活态度。他始终肯定着自己的优越，甚至在梦中也是如此。他感觉别人必须向他低头，他的光耀淹没了他们。他的兄弟们都很了解他的梦。对他们而言，这件事并不难，因为他们跟约瑟朝夕相处，对他的态度也都一清二楚。约瑟在梦中的感觉，他们也都感受到了。他们怕他，并且要避开他。然而，约瑟还是从最后变成了第一。在以后的日子里，他成了家里的顶梁柱，支撑着整个家庭。最小的孩子成为整个家庭的栋梁，这件事并非偶然。人们都知道这一点，并编了许多有关最小的儿子的力量的故事。其实，他是处在一个相当有利的情境中：父亲、母亲、兄妹都会帮助他，还有许多事物可以激发他的野心和努力，同时又没有人从后面攻击他或分散他的注意力。

可是，我们说过，第二大比例的问题儿童来自最小的儿子。这种现象的原因通常都在于整个家庭宠惯他们的方式。被宠坏的孩子绝对无法自立。他丧失了凭自己的力量获取成功的勇气。最小的孩子总是野心勃勃的，但是大多数富有野心的孩子都是懒惰的孩子。懒惰是野心再加上勇气丧失所得出的结果，野心高得使人看不出有实现的希望时，自然会令人心灰意冷。有时候，最小的孩子不肯承认他有任何野心，但这是因为他希望每一方面都超过别人，他希望不受拘束、唯我独尊。从最小的孩子可能感受到的自卑感看来，这一点也很容易了解。他所处环境中的每一个人都比他年长，比他强壮，比他经验丰富，他当然会常常自叹不如。

## 独生子女

独生子女也有属于他们的问题。他们有一个敌手，但是这个敌手并不是哥哥或姐姐。他们竞争的感觉是针对他们的父亲。母亲总是特别宠爱独生子女，她们怕失掉他们，想要将他们置于自己的保护之下。结果，独生子女就养成了所谓的“恋母情结”，终日系在母亲的围裙带上，并想把父亲逐出家庭的圈子。假如父亲和母亲协力合作，让孩子对他们两个人都感兴趣，这种情形也是可以避免的，可是大部分的父亲对孩子的关怀总是不及母亲。非独生子女中的长子和独生子女常常是非常相像的，他们想要征服父亲，他们喜欢和年纪比自己大的人竞争。独生子女经常害怕自己会有弟弟或妹妹。家庭的朋友常常会说：“你该有个小弟弟或小妹妹了！”他们对这种说法深恶痛绝。他们要永久作为众人注意的中心，他们觉得这是他们的权利。假如他们的地位受到挑战，他们会认为那是很不公平的事。在以后的生活中，只要他们不再是众人注意的中心，他们便会出现种种问题。另一种可能妨碍其发展的危险是他们出生在小心翼翼的环境中。如果他们的父母由于身体上的原因不能够再生育了，那么我们该做的事情就是尽力帮独生子女解决他们可能遇到的问题。但是，在可能生育更多孩子的家庭中，我们也经常可以发现独生子女才会有的特征。这种父母过分胆小和悲观，他们觉得他们无法解决孩子太多所造成的经济负担。家庭中的气氛充满了焦虑，孩子们受到了很多不良影响。

假如孩子们出生的时间相隔太长，每个孩子都会有某些独生子女的性格。这种情形并不是很理想的。经常有人问我“你认为家庭中孩子的年龄最好应相差多少”，“孩子们是应该紧接着出生，还是应该间隔较长的时间更好些”。依据我的经验，我认为最理想的间隔是三年左右。在三岁之龄，假如较小的孩子出生了，他也能表现出合作行为。他的智力已经足以理解，在家庭中可以不止有一个孩子。假如他只有一岁半或两岁，我们无法和他讨论，他也无法了解我们的道理，因此我们不能让他准备即将到来的事情。

在全部是女孩子的家庭中长大的独生男孩，也会面临一段艰苦的时光。他处在全部是女性的环境中。父亲大部分时间都不在家，他举目所见，只有母亲、姐姐和妹妹。由于觉得自己与众不同，他会在孤独中成长。尤其是“女生们”联合起来对付他时，更是如此。她们觉得她们必须一起教育他，或者她们想要证明他没什么值得骄傲的，因此便造成了大量的抗拒和敌意。如果他正好排行中间，他可能是处于最糟糕的位置——他会两面受敌。如果他是长子，他便有被一个很厉害的女性竞争对手紧跟不放的危险；如果他是最小的孩子，他可能被当成一个玩物。在女孩子中间长大的男孩，都是属于不太讨人喜欢的类型。如果他能参加社交活动，和其他的孩子交往，那么这个问题便能得到解决。否则，在女孩子的环绕下，他的作风也会带上女孩的味道。纯粹女性的环境和男女混合的环境是完全不同的。假如有一家公寓，其中没有硬性的规定，可以让居住的人凭自己喜好任意布置，你可以断定：如果住进来的人是女性，这家公寓一定会整整齐齐、有条不紊，它的色彩经过特别选择，各处细微小节也都受到慎重注意。假如住进来的是男性，它大概就不会这么整洁了，其中可能充满紊乱、喧闹和破旧的家具。在女孩群中长大的男孩会带有诸如此类的女性口味，对生活也有女性化的看法。

反过来说，他也可能强烈地反抗这种气氛，并非常重视自己的男性气息。若是如此，他会时时防卫自己，免得受到女性的驾驭。他会觉得他必须肯定自己的不凡和优越，因此他会时时感到紧张。他会往极端的方向发展，若不是非常强壮，就是非常软弱。这是一种值得研究和探讨的情况；它不是时时都有的，在我们做进一步的讨论之前，我们必须研究更多的个案。同样，在男孩子中间长大的女孩子，也很容易发展出非常女性化或非常男性化的气质。在生活中，她经常会觉得受到不安全感和孤立无助的威胁。

每当我研究成人的时候，我总会发现，他们在童年早期留下的印象是不可磨灭的。在家庭中的地位在他们的生活态度上留下了无法拭去的印记。发展的每种困难都是由家庭中的敌意和缺乏合作所引起的。如果环顾我们的社会生活，并问为什么敌对和竞争是它最显著的一面——其实，不仅是我们的社会生活，我们的整个世界都是如此——那么我们便会认识到：人类都在追求成为征服者，想要超越并压垮别人的目标。这种目标是早年培养的结果，也是觉得自己在家庭中未曾受到平等待遇的孩子努力奋斗、拼命竞争的结果。我们要避免这一类危害，唯一的方法就是给予孩子更多的合作学习。

# 第七章

# 学校的影响

# 教育的变革

学校是家庭的延伸。假如父母能够负起对孩子们教育的责任，让他们能够适当地解决生活中的各种问题，那么便没有学校教育的必要了。在某些民族的文化里，经常有孩子完全在家中学习的情况。工匠会把他从父亲那儿学到的技巧和自己从实际经验中悟得的本领传授给自己的孩子。然而，我们现代的文化却对我们提出了更为复杂的要求，因此，我们需要学校来减轻父母的负担，让他们能继续自己未完成的工作。现代社会的生活需要它的成员接受比他们在家庭中所能受到的更多的教育。

美国的学校并没有像欧洲学校那样经过许多不同的发展阶段，但是我们还是时常可以看到权威式传统的遗迹。在欧洲教育的历史上，最先只有王子和贵族的子弟才能受教育，他们是社会中唯一有价值的群体，其他的人注定要安分守己、默默无闻地过一辈子。后来，社会的限制扩大了，教育由宗教机构接管，只有少数经过特别挑选的人才能学习宗教、艺术、科学和专业训练。

当工业技术开始发展后，教育的形式便完全改变了。大家都致力于教育的普及。在乡下和小城镇中，教师经常由皮匠和裁缝来担任。他们教导孩子的时候，手里总是离不开教鞭，教育的结果也贫乏得可怜。以前，只有宗教学校和大学才教授艺术，有时候，甚至连皇帝都是不学无术的，后来却发展到连工人都要会读、会写，并懂得做加减算法。公立学校也由此奠定了基础。

然而，公立学校都是遵照政府的政策设立的，当时政府的目的是培养出顺从的大众，训练他们维护上层社会的利益，并能够随时当兵作战。学校的课程都指向这个目标。我还记得有一段时间，在奥地利仍然部分地保留了这种情况，当时，对平民阶级的教育就是要让他们服从，并强迫他们从事与其地位相适应的工作。慢慢地，这类教育的缺点凸显出来了。自由的思想开始萌芽，工人阶级逐渐茁壮，他们的要求也逐渐增多。公立学校采纳了他们的要求，现在流行的教育理想是，我们应该教孩子多为自己着想，应该为他们创造学习文学、艺术和科学的机会，应该让他们分享全部的人类文明并有所贡献。我们不再希望只培养孩子去赚钱，或在工业制度下谋得一席之地。我们要的是同胞兄弟，我们要的是平等、独立而且负责的伙伴。

## 教师的角色

不管他们是有意还是无意，所有建议要改革学校的人，都是在寻求能够在社会生活中增加合作程度的方法。例如，性格教育（character education）的目的就是如此。按照我们对它的了解，这显然是一种很正当的要求。然而，一般而言，性格教育的宗旨和技术还未被充分了解。我们必须找出一批教师，他们不只是为金钱而教育孩子，他们能遵照人类的利益来工作。他们必须体会到这种工作的重要性，并且接受过良好的培养。性格教育仍然处于试验阶段，我们必须把教条置之度外——在性格教育中，我们不作严格而僵化的要求。然而，即使在学校里，它的结果也不是十分令人满意。孩子们到学校来的时候，有些在家庭生活中已经是失败者，尽管给予训诫和勉励，却仍然无法消除他们的错误。因此，除了训练教师在学校里了解并帮助孩子们成长外，别无他途可循。

我大部分时间都在从事这方面的工作。我相信，维也纳的许多学校在这方面都遥遥领先。在别的地方，虽然也有精神病学家在研究孩子，并提出有关他们的忠告，但是，除非老师也同意并了解如何去执行此种忠告，否则又有什么用呢？精神病学家每星期和孩子见面一次或两次——最多不过是一天一次——但他并不能真正了解家庭和学校的环境对孩子的影响。他只写张便条，说这个孩子应该改善营养或应接受甲状腺治疗，也许他还会给老师一些暗示，说这个孩子应接受个别指导。但是，老师既不知道这种处方的目标，也缺乏避免错误的经验。除非老师十分了解孩子的性格，否则他便会一筹莫展。精神病学家和教师之间需要最密切的合作，教师必须知道精神病学家对孩子的一些想法，这样在讨论完孩子的问题之后，他才能进行他自己的工作，而不需要更进一步的帮助。如果发生了什么意外问题，他应该知道要做些什么事情，正如精神病学家在场也会这样做一样。最实用的方法可能就是我们在维也纳设立的那种顾问会议（Advisory Council）。我将在本章末尾详细描述这种方法。

当孩子初次上学时，他面临着社会生活的一种新体验。这种体验会显现出他发展中的一些错误。现在，他必须在一个比以前更为广阔的场合里与人合作。如果他在家中受宠惯了，他很可能不愿意离开他那种受人保护的生活，也不能和别的孩子打成一片。因此，在被宠坏的孩子开始学校生活的第一天里，我们便能看出其社会感的限制。他可能大哭大闹，吵着要回家。他对学校的生活和他的老师都不感兴趣。他根本听不进老师说的话，因为他始终都在想着自己。我们不难想见，假如他继续只对自己有兴趣的话，他在学校中会落于人后。常常有父母向我们述说，某个问题孩子在家中一点都不惹麻烦，可是一到学校，问题便来了。我们会因此而猜测，这个孩子在家里可能觉得自己所处的情境特别舒适。在家里，他不必接受考验，他发展中的错误也不会表现出来。可是，一到学校之后，他不再受宠爱了，他觉得这个情境对他来说是一种打击。

有一个孩子，从他上学第一天起，便什么事也不干，只是在嘲笑老师说的每一句话。他对学校的任何事情丝毫不感兴趣，大家都以为他可能是低能儿童。当我看到他时，我对他说："大家都在奇怪你为什么老是讥笑学校。"他回答道："学校是父母们搞出来的一场笑话。他们把孩子送进学校，教成傻瓜。"他在家里时常受人嘲弄，他相信，每一个新情境都是要看他笑话的诡计。我向他指出，他太过分强调要维护自己的尊严了，并不是每个人都想愚弄他。结果，他开始对学校产生兴趣，并有了显著的进步。

注意孩子的困难，纠正父母的错误，这都是学校教师的工作。他们会发现：有些孩子已经准备好要接受更广阔的社会生活，他们在家里已经培养出了关注别人的能力。有些孩子则没有做好这种准备；当一个人对某一问题没有准备时，他会举棋不定或畏惧退缩。落于人后但不是低能的孩子，多半是在适应社会生活时犹疑不决。教师则是最适于帮助他应对眼前的新情境的人。

但是，教师该如何帮助他呢？教师要做的事情必须和母亲应该做的事情一样——和学生联系在一起，并对他发生兴趣。教师绝不能只是训导和惩罚学生。假如一个孩子到学校后，发现自己很难和老师或同学沟通来往，教师对待他的方法就是批评或责备，这只会让他有充分的借口来讨厌学校。我必须承认，假如我是一个在学校里经常受到冷嘲热讽的孩子，我也会对老师们敬而远之的。我会离开学校，设法另谋发展。顽劣而难以管教的坏学生，大多数是把学校视为令人不快的场所，而时时想逃学的孩子。他们并不是真的愚笨，在编造不去上学的理由或模仿家长的签字时，他们经常表现出很高的天分。在学校之外，他们会找到“志同道合”的逃学孩子。从这些同伴那里，他们获得了在学校里无法得到的赞赏，这让他们很感兴趣，让他们觉得自己有价值的圈子，不是学校，而是问题少年组织。在这种情境里，我们可以看到不能被班上同学视为自己团体一分子的孩子如何踏上犯错之路。如果老师想要吸引孩子的注意，他必须先了解这个孩子以前的兴趣是什么，并设法使他相信他在这种兴趣以及其他兴趣上都能获得成功。当孩子对某一点有自信时，在其他点上刺激他就容易得多。因此，从一开始起，我们便应该弄清孩子对世界抱有什么看法，最吸引他注意力而且训练程度最高的又是哪一种感官。有些孩子对观察事物最感兴趣，有些喜欢聆听，有些喜好运动。视觉型的孩子对必须运用眼睛的学科，例如地理或绘画等，比较容易感兴趣。老师讲课时，他们可能不听，因为他们不习惯做听觉的注意。这种孩子如果没有用眼睛学习的机会，他们便会赶不上别人。大家可能认为他们是能力不足或缺乏才智，并归罪于遗传，其实，老师和家长也难辞其咎，他们没有找出使孩子产生兴趣的正确方法。我的意思并不是要对这些孩子施以特殊教育，我们应该利用他的某种高度发展的兴趣，鼓励他在其他方面发展兴趣。现在已经有一些学校采取视听教学，把教材编为由各种感官同时接受的方式。例如，把绘画、塑像和课程合并在一起等。这是一种值得鼓励并应该进一步推广的趋势。教授课程最好的方法就是和生活中的其他部分紧密相连，使孩子们能够看出这种教导的目的和他们所学知识的实用价值。也许有人会问：直接把教材传授给孩子和教他们自己思考，两种方法哪种更好？依照我的看法，在这个问题上持对立观念太刻板了。这两种方法是可以同时运用的。例如，教孩子把建造房子和数学联系在一起，让他算出需要多少木材、里面可以住多少人等，对他一定有很大帮助。有些课程很容易放在一起教，而我们也可以请到许多专家来把生活的一部分和其他部分联系起来。例如，老师可以和学生们一起散步，找出他们最感兴趣的东西是什么。同时，他还可以教他们了解动物和植物的构造、植物的进化和利用、湿度的影响、国家的地理形状、人类的历史等生活的每一方面。当然，我们必须先要求这位老师对他所教的学生真正感兴趣，如果没有这个先决条件，我们便无法期望他会以这种方式教育孩子。

## 课堂上的合作与竞争

在我们现行的教育制度下，我们通常会发现：当孩子开始上学时，他们对竞争的准备比对合作的准备更为充分。在他们的学校生活中，对竞争的训练也一直持续不断。对孩子而言，这是一种不幸。假如他击败了别的孩子，遥遥领先，他的不幸并不见得比屈居人后而灰心丧气的孩子少。在这两种情况下，孩子都会变得只对自己感兴趣。他的目标不会是奉献和施予，而是夺取能供自己享用之物。正如家庭应该团结一致，每个成员都是团体中平等的一分子一样，班级里的同学也应该如此。只有按照这个方向开展教育，孩子们才会真正对彼此感兴趣，并享受到合作的快乐。我见到过许多问题儿童，在经过和同伴合作并分享乐趣之后，态度会完全改变。以一个特别的孩子为例，他出身于一个他觉得每个人都与他为敌的家庭，他以为在学校里大家也会和他作对。他的学习成绩很差，当他父母听到这个消息后，便在家里“修理”他。这种情况在很多家庭中经常会发生：孩子在学校里拿了一张很糟糕的成绩单，挨了教师一顿骂；把它带回家后，又受到父母的惩罚。这种事经历一次便已经够叫人丧气了，连续两次遭惩罚简直是恐怖。这个孩子因此在班上调皮捣蛋，成绩也始终不见起色。最后，他遇见了一位了解这种情况的老师，这位老师向其他的同学们理解这个孩子为什么觉得人人和他为敌，老师要求大家帮助他，让他相信他们是他的朋友。结果这个孩子的行为有了出人意料的改善。

有时候，人们会怀疑我们是否真能用这种方式来教导孩子去了解别人并帮助别人，但是根据我的经验，孩子经常是比他们的长辈更善解人意的。有一次，一位母亲带着她的两个孩子，一个两岁的女儿和一个三岁的男孩，来到我这里。在母亲不注意时，小女孩爬上了一张桌子。母亲吓了一大跳，她动也不敢动，只是大声叫道："下来！下来！"小女孩理都不理她。那个三岁的小男孩说道："不准动！"女孩子马上就爬下来了。他比母亲更了解自己的妹妹，也更知道该怎样管束她。有一种说法认为，要加强班级里的同学的团结和合作，最好的方法是让孩子们自治。但我认为，这种尝试必须在老师的指导之下小心进行，并且必须先肯定他们已经具备自治的能力。否则，我们会发现，孩子们对他们的自治并不会十分严肃，他们只把它当作一种游戏。结果他们可能比老师更严厉、更苛刻；他们可能利用班会来争权夺利，攻击别人，排除异己，或争取优越的地位。因此，从一开始，教师就应该给予学生应有的注意和劝告。

## 对孩子发展的测评

如果我们想看到一个孩子当前的心智发展、性格及社会行为等各方面的标准，我们便无法避免用各式各样的测验。其实，有时候如智力测验之类的测验，也能作为救助孩子的工具。例如，有个孩子的学习成绩很差，老师希望他留级，可是经过智力测验后却发现他其实是可以升级的。然而，我们应该知道，一个孩子未来发展的限度是绝对无法预测的。智商只能够用来帮我们认清一个孩子的困难，让我们找出克服它们的方法。在我自己的经验里，当智商显现出某人并不是真正心智低下时，只要我们找出正确的方法，便能使他的智商发生改变。我发现，只要让孩子们玩智力测验，熟习它们，发现其中的奥妙，并增加实际考试的经验，他们的智商便会有所提高。因此，智商不应该被当作由命运或遗传决定的、限制对孩子未来成就的因素。

孩子本身或他的父母也都不应该被孩子现有的智商所限制。他们不知道这类测验的目的，他们以为这是一种最后的判决。在教育中引起最大困扰的，并不是孩子本身的各种限制，而是他认为他具有的各种限制。假如一个孩子知道他的智商很低，他可能觉得全无希望，成功已与他绝缘。在教育过程中，我们应该全力设法增加孩子的勇气和信心，并帮他们消除他们由于对生活的理解而为自己的能力设下的各种限制。

对于学校的成绩单也应该这样来处理。当老师将某个学生不理想的成绩单给他时，老师想他可能会受到刺激而发奋向上。然而，假如学生的家庭对他要求很严，他可能就会涂改成绩单或不敢回家。有些孩子甚至会选择自杀。因此，教师应该考虑到这些可能的后果。他们虽然不必负责孩子的家庭生活以及它对孩子的影响，但是他们应该将它列入考虑范围之内。如果父母望子成龙之心太重，当孩子把不理想的成绩单带回家时，可能就会受到责骂。假如老师分数打得稍微宽松一点，孩子可能会受到激励而继续努力，并获得成功。当孩子成绩老是不理想，其他的同学也都认为他是班上最糟糕的学生时，他可能也觉得自己是无药可救了。然而，即使是最坏的学生也会有进步的空间。有很多例子显示，在学校中屈居人后的孩子，有很多能够恢复勇气和信心，并做出伟大成就。

有一个很有趣的现象，就是孩子们即使没看到成绩单，对彼此之间的能力也会有相当精确的了解。他们知道，在数学、书法、绘画、体育各科里，哪一个人是最拿手的，他们也能够区分出自己的高下。他们最常犯的错误是相信自己再也无法进步了。他们看到别人遥遥领先，认为自己永远无法企及。假如一个孩子的想法非常固执，他会把它移转到今后的生活环境中。即使是在成年后的生活中，他也会计算他的地位和别人之间的差距，认为自己必须永远留在这一差距之后。大部分孩子在班上不同的各学期间，大致会保持相同的名次。他们总是名列第一，或排在中间，或居于人后。这显示出他们为自己设下的限制、他们的乐观程度，以及他们的活动范围。大家绝不能不相信在班上成绩比较靠后的人也能改变他的地位，并有惊人的进步。孩子们应该了解这种自我限制所犯的错误，老师和学生也都应该放弃“正常孩子的进步和其天赋能力有关”的迷信。

## 先天因素与后天培养

在教育中所犯的各种错误里，相信遗传会限制孩子们的发展是最糟糕的一种。它让老师和家长们对他们学生及子女的管教无方找到了借口，他们可以因此而不必为他们对孩子的影响负任何责任。我们应该反驳这类想逃避责任的企图。从事教育的人假如能够把性格和智力的发展全部归之于遗传，那我实在看不出他在他的职业中还能希望完成些什么事情。反过来说，如果他看出自己的态度和措施能够影响孩子，他就不会用遗传的观点来逃避责任。

在这里，我谈的并不是身体上的遗传。器官缺陷的遗传是毫无问题的。我相信，只有在个体心理学里，才真正了解这种由遗传而来的缺陷对心理发展的影响。孩子会了解自己器官功能作用的程度，他会依照他对自己能力的判断来限制自己的发展。因此，假如一个孩子蒙受器官缺陷之苦，他便需要知道他并没有理由认为他在智力或性格方面也会受到限制。在前面我们已经说过，同样的身体缺陷，可能被作为更大努力和求取更高成就的刺激，也可能被当作注定要妨害发展的一种阻碍。

最初，当我发表这个结论时，有很多人都批评这是不科学的，他们指责我主张的只是和事实完全不符的私人理念而已。但是，我的结论却是从我的经验中提炼出来的，有利于它的证据也累积得越来越多。现在，有许多精神病学家和心理学家也都殊途同归地得出同样的看法，认为性格中有遗传成分的信念只能称为迷信而已。这种迷信已经存在几千年了。当人们想要逃避责任，并对人类行为采取宿命论的观点时，性格特征是来自遗传的理论便自然而然地出现。它最简单的形式就是“人之初，性本善”或“性本恶”的想法。这种说法显然是站不住脚的，只有逃避责任的欲望很强的人才会坚持它。“善”“恶”，像其他各种性格的表现一样，只有在社会环境中才有意义。它们是在社会环境中和同类相互切磋所得的结果，它们蕴含了一种判断，“顾全他人的利益”或“违反他人的利益”。在孩子出生之前，他并没有这一类的社会环境，孩子出生之后，他的潜能足以使他往任何一个方向发展。他所选择的途径取决于他从环境和从自己身体所接受到的感觉和印象，以及他对这些感觉和印象的理解。此外，教育的影响也是巨大的。

其他心理功能的遗传性也都是如此，尽管它们的证据没有这么明显。心理功能发展中的最大因素是兴趣，我们已经说过，能够妨碍兴趣的，并不是遗传，而是灰心或对失败的畏惧。不用说，大脑的结构是由遗传得来的，但是大脑只是心灵的工具，而非其根源，而且，假如大脑的损伤尚未严重到我们目前的知识无法挽回的地步，它也能够接受训练，补偿其缺陷。在每种不平凡的能力背后，我们所看到的，并不是异乎寻常的遗传，而是长期的关心和培养。即使我们发现，有许多家庭一连几代都有天赋较高的人才，我们也不能认为这是遗传的结果。我们宁可假设：这个家庭中某个成员的成功，刺激了其他人奋发向上，而且家庭的传统也使得孩子们在耳濡目染中继承了先人的志趣。因此，比方说，当我们发现德国化学家李比希（Leibig）是药房老板的儿子时，我们也不必想象他在化学方面的能力是来自遗传。我们只要知道，他的环境允许他发挥自己的兴趣，在其他孩子对化学一无所知的年龄，他对这门学问的许多部分已经相当熟悉，这样就已经够了。奥地利作曲家莫扎特的父母对音乐颇感兴趣，但是莫扎特的才能也不是由遗传得来的，而是因为他的父母希望他对音乐产生兴趣，因此特别鼓励他往这方面发展。从他幼年时代起，他的整个环境便充满了音乐。在杰出人物中，我们经常可以发现这种“早期的开始”，他们或者在四岁时便开始弹钢琴，或者在很小的时候就为家里的其他人写故事。这种兴趣是延续而持久的，他们所受的训练是自然而广泛的。他们一直勇往直前，不犹疑，也不退缩。

假如教师相信学生的发展有固定的限制，那么他便无法成功地消除孩子为自己的发展所设下的限制。假如教师对孩子说：“你没有数学才能。”他的处境确实是轻松多了，可是，这样做除了使孩子泄气外，便毫无作用了。我自己也有类似的经验。我在读书时，有好几年都是班上的数学低能儿，我也十分相信我完全缺乏数学才能。很幸运的是，有一天，我竟然出乎意料地发现自己会做一道难倒了老师的题目！这次成功改变了我对数学的整个态度。以往，我的兴趣完全没有放在这门功课上，现在，我开始以学数学为乐，并利用每个机会来增强我的数学能力。结果，我在学校里成为数学学习上的佼佼者。我想，这次经验在帮我看出所谓特殊才能或天生能力的理论错误时，也是很有帮助的。

即使是在人数很多的班级里，我们也能观察出孩子们之间的差异。如果我们了解了他们的性格，一定比对他们茫无所知更容易掌握他们。然而，班上的人数太多总是不利的。有些孩子的问题被忽视了，要适当地培养他们也是很困难的事。老师应该熟知每一个学生，否则他就无法培养出学生的兴趣和合作。假如在几年时间里，学生们都能跟随同一个老师，我想一定会有很大的帮助。在某些学校里，教师每六个月便更换一次，老师没有和学生打成一片的机会，也无法看出他们的问题或追踪他们的发展。如果一位老师能够和同一群学生相处三四年，他可能更容易发现某个孩子生活态度上的错误，并设法帮他补救，而且这样也更容易把一个班级发展成一个合作的集体。

让孩子跳班升级经常是弊大于利的。通常他会肩负许多他无法达成的期望，因而觉得压力沉重。可是，如果这个班级正如我所主张的那样团结一致，其中一分子的成功，对其他人都是很有利的。班上只要有一位光芒四射的学生，整个班级的进步都会加速进行，剥夺掉其他学生受这种激励的机会并非明智之举。因此，我的看法是让天资聪颖的学生除了班上的功课之外，再多参加其他的活动，培养其他的兴趣——例如绘画等。他在这些活动中的成功，也会增加其他孩子对这方面的兴趣，并鼓励他们往前迈进。

假如孩子们留级重读，情况就非常不妙。通常，留级的学生不管在家庭中或是在学校里都是个问题。当然他们不是全部如此，有少数留级生也能留在原班上而不造成任何问题。但是，大多数的留级生都依然故我，他们在班上既落后又惹麻烦。同学对他们都没有好印象，他们对自己的能力也抱着悲观的看法。有些教师利用假期来教导落后的孩子，让他们认识他们在生活态度中所犯的错误，使他们不必再留级重读。当成绩不佳的孩子认识到自己的错误后，这些孩子从第二学期起就能顺利跟上课程了。其实，这是我们帮助落后学生的唯一方法，只有让他看清他在估计自己能力时所犯的错误，我们才能放心让他凭自己的努力前进。

在我以前观察把学生依成绩优劣编入不同班级的制度时，我便注意到一件特别的事实。我的经验主要是在欧洲得到的，我不知道在美国是否也存在同样的情形。在成绩较差的班级里，我看到心智低下的孩子和出身贫寒的孩子混在一起。在成绩优良的班级中，大部分孩子都有富裕的父母。这种现象显然是太不合理了。贫穷的家庭对孩子教育的准备不够充足，因为这些父母们面临了太多的困难：他们不能花太多时间来教养孩子，甚至他们本身的教育程度都不足以帮助孩子。我认为把对上学准备不足的孩子放入成绩较差的班级里是不对的。训练有素的教师应该知道如何矫正他们的准备不足，假如让他们和准备良好的孩子相处，他们必然会获益良多。如果把他们放入成绩较差的班级里，通常他们很快就会知道这个事实。优秀班级的孩子也会知道，并且瞧不起他们。于是，成绩较差的班级就成为孩子们易于丧失勇气和不再追求个人优越地位的沃土。

在原则上，男女同校是应该支持的。这是让男孩子和女孩子彼此认识得更清楚，并且和异性互助合作的不二法门。可是，相信男女同校便能解决所有问题的人，在认识上也犯了很大的错误。男女同校本身也有其特殊问题存在，除非认清了这个问题，并把它当作一个问题来处理，否则两性之间的距离反倒会因男女同校而加大。比方说，困难之一就是：十六岁之前，女孩子发育得都比男孩子快。假如男孩子不了解这一点，他们便很难保持他们的自尊。他们会眼看着自己被女孩子超过，并自惭形秽。在以后的生活里，他们可能会因为牢记这种挫败而不敢和异性竞争。赞成男女同校并了解问题所在的教师，能够利用这种制度做成许多事情。但是假如他不完全赞同它，或是对它不感兴趣，他便注定要遭受失败。另外一个困难是，假如对孩子们教育不当或监督不够，那么必然会发生性的问题。在学校中，性教育的问题是非常复杂的。教室并不是进行性教育的适当场所，假如教师面对整个班级讲述这些知识，他根本无从知道是否每个学生的了解都正确无误。他可能引起了他们的兴趣，却不知道孩子们是否能够接受它们，或如何将它们纳入自己的生活态度中。当然，假如孩子希望多知道一些，而私下向他提出各种问题，教师就应该真实而坦率地回答，这样，他便有机会判断孩子真正想知道的是什么，并将他导向正当解决之途。但是，如果在班上不断地讨论性的问题，这肯定是有害的。有些孩子一定会因此发生误解。把性当作一件无关紧要的事，并没有好处。

任何学过儿童心理学的人，都能很容易地区分出不同的生活态度和类型。要看出一个孩子的合作程度，可以观察他身体的姿势、他观看和聆听的方式、他和其他孩子保持的距离、他是否容易与人交往，以及他专心注意的能力。假如他总是忘记做功课或丢掉书本，我们可以猜想：他对他的学校不感兴趣。我们必须找出他对学校丧失兴趣的原因。假如他不参加其他孩子的游戏，我们可以看出他的孤独感和他对自己的兴趣。假如他总是希望别人帮他做事，我们可以看出他缺乏独立性，以及他想得到别人支持的欲望。

有些孩子只有在受到嘉奖或赞赏时才肯学习。有许多被宠惯的孩子，只有在老师对他们额外注意时，他们在功课的表现上才特别优越。假如他们失去了这种特别的关怀，麻烦就来了。除非他们有观众，否则他们便无法获得进展。如果长时间没有人关注他们，他们的兴趣就随之而止。对这些孩子来说，数学是他们面临的大困难。当要他们背出数学公式或定理时，他们会毫无困难地说出来，但是当要他们自己解答一道难题时，他们就一筹莫展了。这似乎是一种小毛病，但是对我们共同生活造成最大危险的，就是这些终日要求别人注意和支持的孩子。如果这种态度保持不变，他在成年之后的生活中也会要求别人的支持。当他面临问题时，他的反应是做出强迫别人代他解决问题的行动。终其一生他会对人类幸福毫无贡献，而只是挖空心思要成为别人的永久负担。

另外还有一种孩子，他们决心要成为众人注意的中心，假如不能如愿，他们便会搞恶作剧，扰乱班上的秩序，带坏其他孩子。责备和惩罚都改变不了他，这些正是投其所好。他宁可受痛打，也不愿被冷落。他的行为所带来的痛苦只不过是他为自己的欢乐所付出的代价而已。对许多孩子而言，惩罚只是对其能否持续其生活态度的挑战，他们把它看作一场比赛或游戏，看看谁撑得下去。结果他们总是胜利，因为主动权掌握在他们手里。所以有些喜欢和老师或父母作对的人，在受到惩罚时，不但不会哭，反倒会笑。

懒惰的孩子，除非他的懒惰是对父母或老师的直接攻击，否则他们几乎都是野心勃勃而又怕遭到失败打击的孩子。每个人对“成功”一词的了解都是不同的，有时候，有一些孩子所认为的失败，也会令我们惊讶万分。有些人如果不能超过其他所有人，便认为自己被击败了。即使他已经非常成功，如果有人比他更好，他也会寝食难安。懒惰的孩子从未尝过被击败的滋味，因为他从没有面临真正的考验。他对眼前的问题总是尽量逃避，也不肯轻易和人一较短长。别人多少都会以为，假如他不是这么懒的话，他一定能克服他面临的困难。他自己也在这种想法里找到了庇护所。“只要我肯做，哪件事我做不了？”当他失败时，他也会以此自我解嘲，并保持他的自尊。他会对自己说：“我只是懒，不是无能。”有时候，老师也会对懒惰的学生说：“假如你更努力一点，你就会变成班上最好的学生。”假如他不费吹灰之力便能获此殊荣，他为什么要努力工作，冒着失去被人重视的危险？很可能如果他不再懒惰时，人家便不会再以为他怀才不露了。别人会以他的成就来评断地，而不再重视他可能达成的成就。懒孩子得到的另外一点好处就是，当他做了一点点工作时，别人就会夸奖他。别人看到他好像有洗心革面的意思，便急着想刺激他痛改前非。同一件工作，假如是勤快的孩子所做，便不会受到这么多重视，而如果是平时懒惰的孩子做，便会引起人们的注意。懒孩子便以这种方式生活在别人的期待里。他也是个被宠坏的孩子，从婴孩时代起，他便学会不管什么事都期待别人帮他完成。

另外还有一类很普遍而且很容易辨认的孩子，就是喜欢在同伴中起带头作用的孩子。人类是需要领袖的，但是大家需要的是能顾全大众利益的领袖。大部分扮演领袖角色的孩子所感兴趣的，只是能让他们统驭别人的情境。只有在这种情况下，他们才肯参加同伴的活动。因此，这种类型的孩子并不是将来必能一帆风顺的类型。在以后的生活中，他们注定会遇上种种困难。当两个这样的领袖在婚姻、事业或社交场合中碰面时，不是演出悲剧就是闹出笑话。他们每一个都在寻找压过对方、建立自己优越地位的机会。有时候，家中的长辈会以观看被宠坏的孩子肆意指使别人为乐。他们开怀大笑，并鼓励他再接再厉。然而，老师们很快就会发现，这样并不能发展出有利于社会生活的性格。

孩子们有许多不同的类型，我们丝毫无意主张他们应该被塑造成哪种固定的类型，我们只是希望防止显然会将他们导向失败和困难的人格发展，这些人格发展在儿童时代是比较容易纠正或防止的。如果它们未被纠正，这些人格发展对成年期生活所造成的后果不仅严重，而且有害。儿童时期的错误和成年后的失败是一脉相通的。没有学会合作之道的孩子，以后可能会变成神经官能症患者、酗酒者、罪犯或自杀者。焦虑性神经官能症患者幼时多害怕黑暗、陌生人或新情境。抑郁症患者多是爱哭的人。在我们现代社会中，我们无法期望接近每一位父母，帮助他们避免错误。最需要给予忠告的父母都是最不肯接受劝告的父母。然而，我们却可以接近所有的老师，通过他们来接近全部学生，矫正他们已经造成的错误，并培养他们过一种独立、合作而充满勇气的生活。我想，人类未来幸福的最大保证便存在于这种教育工作之中。

为了达到这个目标，大约十五年前，我便开始在个体心理学中提倡在学校设立顾问会议，它在维也纳及欧洲许多大城市中都已经被证实为相当有价值。有远大的理想和希望自然是件好事，但是如果没有找到合适的方法，空谈理想也是没有用的。经过这十五年的经验之后，我想我已经可以说：顾问会议已经获得了完全的成功，它是处理儿童问题并把儿童教育成健全个人的最佳途径。当然，我相信假如顾问会议是以个体心理学为基础的话，它会更为成功。但是我也看不出有什么理由要反对它和其他学派的心理学家合作。其实，我一直主张顾问会议应该和各个不同学派的心理学家联合设立，然后再比较哪个学派更为适合。

在顾问会议上，要由一位训练有素，对教师、父母和孩子的困难经验丰富的心理学家，和某一学校的教师们一起讨论他们在教育工作中所遇到的问题。当他到学校时，教师应该向他描述一些孩子的情况以及其特殊问题。这些孩子也许很懒，也许好争论、逃学、偷窃或在功课上落后。心理学家要贡献他自己的经验，和教师展开讨论。孩子的家庭生活、性格和人格发展都应说明白。发生问题的环境也必须受到特别注意。然后教师们便和心理学家一起研讨造成这个问题的可能原因和处理它的方法。由于他们都有丰富的经验，所以很快便能获得一致的结论。

在心理学家到校之日，需要帮助的孩子和他的母亲也都应该到校。在他们决定要怎样对他的母亲说话、要怎样才能影响她，并让她明白这个孩子失败的原因之后，母亲才被请进来。母亲会透露更多的信息，和心理学家互相讨论，然后由心理学家建议采取什么措施来帮助这个孩子。通常母亲会很高兴有这种协商的机会，也很愿意合作。如果她的态度游移不定，心理学家或教师可以举出类似的例子，从其中引申出她可以应用到她的孩子身上的各种结论。然后将孩子叫进房间，让心理学家和他谈话，谈的不是他犯的过错，而是他眼前的问题。他要找出妨碍这个孩子正常发展的想法和意见，以及他不注意而别人很重视的信念，等等。他并不责备孩子，只是和他进行一种友善的谈话，给他另一种观点。假如他想提及孩子的错误，他可以将他放进一种假设的情况中，以此来征求孩子的意见。对这种工作没有经验的人，在看到孩子很快便能了解并改变整个态度时，一定会非常惊讶。

曾经在这项工作上受过我的训练的教师们，对它都很感兴趣，无论如何都不肯再放弃它。它使他们在学校中的工作更为有趣，也增加了他们获得成功的机会。没有人认为它是一种额外负担，因为它通常在半小时内便解决了困扰他们多年的问题。整个学校的合作精神提高了，经过一段时间后，严重的问题也不再发生，只有一些微小的错误需要处理。教师们事实上都成了心理学家。他们已经学会要了解人格的整体，以及它各种表现的一贯性。如果在日常教学过程中发生了什么问题，他们也能够自己解决。其实，我们的希望也是如此：如果教师们都受到了良好的培养，就不需要心理学家了！

因此，假如班上有一个懒惰的孩子，教师就应该为孩子们筹办一次关于懒惰的讨论会。他可以用下列题目作为讨论的题材：“懒惰是怎么来的？”“它的目的是什么？”“懒惰的孩子为什么不肯改变？”“它为什么非得改变不可？”孩子们讨论后，可以获得一个结论。那个懒孩子自己可能不知道他就是这次讨论会的原因，但是这是一个属于他自己的问题，他会对讨论感兴趣，并从中学到很多东西。如果他受到攻击，他必定会一无所获。但是假如他肯虚心聆听，他就会考虑，进而改变自己的意见。

除了父母没有人能像教师那样清楚地了解孩子的心灵。他们看到了孩子的许多层面，如果他们的方法很好的话，还会和孩子们建立起交情。孩子在家庭生活中所造成的错误是持续下去，还是被纠正过来，完全掌握在教师手上。教师像母亲一样，是人类未来的保证，他对社会的贡献是无法估量的。

# 第八章

# 青春期的引导

讨论青春期的书籍可谓汗牛充栋，在处理这个题材时，几乎都把它当作可以使个人的性格整个发生改变的危险时期。在青春期中固然有许多危险，但是它并不能真正地改变一个人的人格。青春期让正在成长中的孩子进入新的情境，接受新的考验。他会觉得他已经接近生活的前线了，在他的生活态度中一直未被观察到的错误会开始显现出来。当它们出现时，饱经世故的人总可以洞察到它们。这些错误现在已经变得很明显，不容再被忽视了。

对每个孩子而言，青春期中最重要的一件事情就是他必须证明他已经不再是个孩子了。我们也许可以设法让他相信这是件理所当然的事情。假如我们做到了这一点，这个情境中的紧张气氛便能消除许多，假如他觉得他一定要证明它，他当然会过分强调他的立场。青春期有许多种行为都是出自想表现独立性、和成人平等、男子气概或女人作风等的欲望。这些表现的方向取决于孩子对“成长”的意义抱有何种看法。假如“成长”意味着不受控制，孩子就会开始反抗各种拘束。有些孩子在这段时间开始学吸烟、骂人或深夜不归，有些会出人意料地反抗他们的父母。他们的父母对一向听话的孩子为什么突然变得如此桀骜不驯，也深感大惑不解。听话的孩子也许一直对父母抱有反感，但是只有现在这个时期，他有了较多的自由和力量时，他才敢将他的敌意显现出来。有一个经常被父亲责骂的孩子，在表面上显得安静而顺从，可是私下里却在等待着报复的机会。当他觉得自己羽翼丰满后，便借机向父亲寻衅，殴打了父亲，再离家出走。

大部分孩子到了青春期都会享有较多的自由和独立。父母不再觉得他们有监护他的权利。假如父母想继续监督他，他必定会更努力地脱离他们的控制。父母愈是想证明他还是个小孩子，他愈是反其道而行。从这些争斗中，会发展出一种反抗的态度，结果便构成“青年反抗主义”的典型案例。

我们无法给青春期的阶段定下严格的界限。它通常是从十四岁到二十岁，但是有些孩子在十一二岁时便已经进入青春期了。身体的各部分器官在这段时间都加速发展，有时候，它们的功能之间很不容易协调一致。孩子们身高增长，手足加大，但可能比较不灵活。他们需要训练这类器官的协调，但在这个过程中，如果受到别人的讥笑或批评，他们会相信自己真的是笨手笨脚的。孩子的动作如果被人讥笑，他们就会变得愈发笨拙。内分泌腺的发育对孩子的发展也有影响，它们会促进其功能。然而这并不是从有到无的全然改变，内分泌腺在出生之前便已经开始作用，但是在青春期内分泌腺的分泌增多，第二性征也更为明显。男孩会开始长胡子，声音也变得粗哑。女孩的体形逐渐丰满，变得更女性化了。这些都是常常使青年人感到惶惑的事情。

## 成年的挑战

有时候，对成年期生活准备不足的孩子，在职业、社交、爱情和婚姻等各种问题一起逼近时，会觉得异常恐慌。对于职业，他们找不到能够吸引他的工作，从而认为自己终将一事无成。对于爱情和婚姻，他们面对异性总是忸怩不安，遇见她们时，也会慌乱得不知所措。假如异性和他们说话，他们会面红耳赤、无言以对。他们会一天比一天感到绝望，最后，他们对生活的所有事情都觉得厌烦，也没有人能再理解他们。他们不注意别人，不跟别人说话，也不听别人讲话。他们不工作，也不读书，只是终日幻想，进行一些粗鄙的性活动。这是被称为“早发性痴呆”（dementia praecox）的精神错乱。但是，这种病症其实只是一种错误而已。如果能够鼓励这种孩子，证明他走的途径不对，并指点出正确之途，他便能霍然而愈。但是，这个工作并不简单，因为他的整个生活以及过去生活中的错误都必须被纠正过来。过去、现在和未来的意义都必须以科学的眼光重加检讨，不能只凭个人的想法妄加臆测。

青春期的所有危险，都是因为对生活的三个问题缺乏适当的面对机会，没有做好准备。如果孩子们对未来心怀畏惧，他们自然会以最不费力气的方法来应对它。然而，这种简单的方法却是没有用的。孩子们越是受到命令、告诫、批评，他们越觉得彷徨不知所措。我们愈推他向前，他会愈往后退缩。除非我们能够鼓励他，否则想帮助他的努力都会徒劳无功，甚至会伤害到他。由于他是如此悲观和胆小，我们无法期望他会自发地奋发向上。

有些孩子在这期间会希望自己留在儿童时代，永远不要长大。他们甚至以儿语说话，和比他们小的孩子一起玩，装得像婴孩般忸怩作态。但是，绝大多数人都会竭尽所能仿效成人的一举一动。他们也许没有真正的勇气，却要扮出一副类似成人的怪相：他们模仿大人的姿态，满不在乎地花钱，调戏异性并与之发生性行为。在某些棘手的个案中，孩子们还没有看清该用什么方法来应对生活的问题，便迫不及待地胡作非为，由此走向了犯罪。这种情况尤其是在他少年时犯过罪而又未被发现，因此自以为聪明得可以避尽天下耳目的情况下容易发生。犯罪是从生活问题面前逃离掉的简捷方法之一，特别是在经济问题发生之前。据调查，十四岁至二十岁的少年犯罪，有急剧增加的趋势。在此，我们面临的并不是一种新的情境，而是较大的压力把儿童时期便已经存在的暗流激发了出来。

如果个人的活动程度较小，那么他逃避生活问题的简捷方式是神经官能症。在这种年龄段，有许多孩子会患上官能性疾患和精神失常。每一种神经官能症的病症，都是不必降低个人的优越感而拒绝解决生活问题的借口。神经官能症出现在个人面临社会性的问题上，而又不准备以符合社会要求的方式来解决它的时候。这种困难会造成高度的紧张。青春期身体的情况对这种紧张特别敏感，所有的器官都会被它激发，全部的神经系统也都会受其影响。器官的不舒适也可以作为犹疑和失败的脱身之词。在这类个案中，个人不管是私下还是在他人面前，都会因为他的病痛，而认为自己可以不必负担任何责任，这样便构成了神经官能症。每一个神经官能症患者都表现出了最诚挚的意愿，他十分了解社会感和应对生活问题所需要的是什么，只有在他的病症里，他才能逃避这种普遍的要求。能够使他如释重负的，是神经官能症本身。他的态度似乎在说："我也急着要解决我的问题，但是我的病让我无能为力。"这一点就是他和罪犯的不同之处。罪犯经常是毫无顾忌地表现出他的不良意愿，他对他的社会感也麻木不仁。我们很难决定他们中哪一个人对人类利益的损害较大。神经官能症患者的动机虽然善良，但是撇开他的动机不谈，他的行动是让人讨厌、自私、有意要妨害别人的。罪犯虽然不掩饰他的敌意，可是却要咬紧牙根压抑下他剩余的社会感。

## 青春期的问题

有许多青春期的失败者在小时候都是被宠坏的孩子，由这一点不难看出：对习惯于事事都有人给安排好的孩子，成人的责任是一种特殊的重担。他们仍然希望受人宠爱，但是随着年岁的增长，他们发现他们已经不再是众人注意的中心了。他们是在人造的温暖气氛中长大的，现在却发觉外界的空气寒冷刺骨。因此，他们责怪生活欺骗了他们，害得他们失败。此时，我们便能发现他们在开进步的倒车。这一类的孩子大多数会在读书和工作方面遭到失败，而以前看起来天资没有他们高的孩子却会超过他们并表现出出人意料的能力。这和他们以前的历史并不冲突。也许一直非常受人重视的孩子现在会开始害怕辜负别人对他的期望，只要他继续受到帮助和赞赏，他便能鼓足勇气前进，但是当环境需要他独立奋斗时，他就会勇气全失，向后退却。而有些人则会被这种新的自由所激励，他们清楚地看到实现自己雄心的道路。他们心中充满了新的构想和新的计划。他们的创造性生活开始弓上弦、剑出鞘，他们对人类活动各方面的兴趣也变得鲜明而热烈。这些都是勇敢坚毅的孩子，对他们而言，独立的意义并不是困难和冒失败的危险，而是更广泛地获取成就和为别人奉献的机会。

以前一直觉得受人轻视的孩子，现在可能因为和同伴的接触增加，而开始怀有他们也能被人欣赏的希望。他们中有许多人非常醉心于争取别人的赞赏。如果男孩子只想寻求别人的夸奖，那是相当危险的；不过一些女孩子通常都比较缺少自信，她们把别人的欣赏当作证明她们价值的唯一方法。这种女孩子很容易落入善于阿谀她们的男人的圈套。我常常发现，有些女孩子觉得自己在家中不受欣赏，便开始和男人发生性关系，她们不仅通过这种方式证明她们已经长大了，而且还希望用这种方式来获得一种能够被欣赏和被注意的地位。

有一个出身贫寒的十五岁女孩子，她有一个哥哥，哥哥自幼年起便一直体弱多病。她的母亲不得不对哥哥格外关注。当女儿出生时，她没能好好照顾女儿。不仅如此，在她的幼年时代，她的父亲也卧病在床，哥哥的病更占去了母亲原应照顾她的许多时间。

因此，这个女孩子从小就理解被人照顾的意义是什么。她很在意这件事，一直盼望着能够多受人照顾，但是她在家中总是无法实现这种愿望。后来，母亲又生了一个妹妹，虽然这时父亲痊愈了，但是母亲又将注意力转移到妹妹身上。就这样，这个女孩子觉得自己是唯一没有得到爱和温情的人。她继续拼命奋斗，在家中，她是好孩子；在学校，她是好学生。由于她在学业上的成功，父母决定让她继续学业，把她送到一所教师对她毫无所知的高中去。最初，她不了解这所新学校的教导方法，她的功课在开始就赶不上别人，老师因此批评了她几句，她便觉得万念俱灰。她急着要得到别人的赞赏。家里没人欣赏她，学校也是如此，她该怎么办才好呢？

她环顾四周，想找一个了解她的人。几经尝试后，她离家出走，和一个男人在一起生活了十四天。她的家人对她的行为忧虑万分，到处寻找她。结果发生了什么事，也是我们所能料及的。她很快就发现自己仍然不能为人所欣赏，便开始后悔自己做出的荒唐事。自杀是她的第二个念头，她找人帮忙送了一张便条回家："不要为我担心。我已经服了毒药。我很快乐。"其实，她根本没有服毒，她这样做的原因也不难猜测。其实她的父母对她是很慈爱的，她觉得她还能博得他们的同情。所以她并没有自杀，只是等着母亲来找到她，把她带回家。假如这个女孩子的父母也像我们一样知道她所追求的其实只是受人欣赏而已，多给予她一些关注，那么这场风波可能就不会发生了。假如她高中的老师也了解这一点，他必定能事先予以防范。以往，这个女孩子的学习成绩一直是非常棒的，假如她的高中老师知道这个女孩子对这一点相当敏感，他只要对她稍加注意，那么就不会令她心灰意懒了。

在另一个个案中，一个女孩子出生在一个父母性格都很柔弱的家庭里。她的母亲一直很瞧不起女性，一直想要个男孩，对这个女孩子的降生自然是大失所望。女儿以后的生活也难免受其影响。她不止一次地听见母亲对父亲说"这个女孩子一点都不讨人喜欢，她长大后，一定没人会喜欢她的”或“她长大后，我们该拿她怎么办呢”。在这种不良的气氛下度过十几年之后，她看到了母亲的一个朋友写给母亲的一封信，信中为她只有一个女儿而安慰她，并说她还年轻，将来总会有儿子的。我们可以想象这个女孩子会有什么感觉。几个月以后，她到乡下去拜访她的一位叔叔。在那里，她遇见了一个智力低下的乡下男孩，并且变成了他的情人。后来，他甩掉了她，但是她依旧对他一往情深。当我看到她时，她已经拥有一大群的男朋友，可是没有哪一个能令她称心如意。她来找我，是因为她现在患有焦虑性神经官能症，不敢单独出门。当她对获取别人欣赏的某种方法觉得不满意时，她就会试用另一种。现在，她是以身体的病痛来让她的家庭为她担心。我告诉她除非她放弃悲观的想法，否则别人便对她束手无策。她哭泣，以自杀作为威胁，把家中闹得鸡犬不宁。我们很难让这个女孩子认清她的处境，也很难让她相信：她在青春期时，把设法脱离被轻视的感觉这件事的重要性看得太重了！

## 青少年心理健康

在青春期，男孩子和女孩子都会过分重视性关系，并加以渲染。他们希望证明他们已经长大了，却常常矫枉过正。假如一个女孩子相信自己一直受母亲的压迫而意图反抗，她就很可能轻易和她遇上的男人发生性关系，以此作为反抗的手段。她根本不在乎母亲知不知道，其实，假如她能叫母亲为她担心的话，她才高兴呢！因此，我发现，经常有些女孩子在和父母争吵过后，跑到街上，和她遇见的第一个男人发生关系。这些女孩子以前一直都被认为是很乖的，她们的教养很好，没有人料想到她们会做出这种行为。我们能够理解，这些女孩子并不是真的罪恶深重，她们只是在想法上产生了错误，她们觉得自己处于卑下的地位，而那种行为又是她们所能想象到的获取较优越地位的唯一方法。

有许多被宠惯了的女孩子发现自己很难适应女性的角色。在我们的文化中，有一种根深蒂固的想法，认为男性总比女性优越，结果她们不喜欢身为女性的地位，而表现出所谓的"对男性的钦羡"。对男性的钦羡可以表现在许多种不同的行为上。有时候，我们看到的是她们讨厌男人并回避男人。有时候，她们虽然喜欢男人，可是和他们在一起时却忸怩不安，说不出话来。她们不愿意参加有男人的集会，面临性的问题时，也不能十分自在。当她们年岁渐大时，她们口里虽然说自己也急切想结婚，却完全没有行动表现，她们不接近异性，也不和他们交朋友。有时，我们发现女孩子对女性角色的厌恶在青春期会表现得更为激烈。女孩子的举止比以往更带有男孩子的气息。她们希望模仿男孩子，并且发现要模仿男孩子们的恶行劣迹，如吸烟、喝酒、说脏话、成群结党、放肆滥交等，实在是轻而易举之事。

她们对自己行为的解释通常是，假如她们不这样做的话，男孩子们就不会对她们感兴趣了。在女孩子对女性角色的厌恶更进一步发展的场合，我们会发现同性恋或其他种类的性欲倒错。对女性角色厌恶的女孩子并不是在青春期才产生的，我们发现，这种女孩子从儿童时代起，便讨厌自己身为女孩子的地位，只是在儿童时代，她们没有表现出这种厌恶的需要和机会罢了！

并不是只有女孩子才会有对男性的钦羡。所有把身为男性的重要性过分高估的孩子，都会把男性化当作一个理想，而怀疑自己是否强壮得足以实现它。因此，在我们的文化中对男性化的强调也会使男孩子遭遇和女孩子同样的困难，尤其是他们对自己的性别角色不十分肯定的时候。有些小孩子长到相当大的时候，对自己的性别还半信半疑。因此，从两岁起，我们就应该让孩子们很清楚地知道他们是男孩子还是女孩子。有时候，外表长得像女孩子的小男孩，也会有一段特别困难的时光。陌生人常常会看错他的性别，即使是家里的朋友也可能对他说："你实在应该是个女孩子的。"这种孩子很可能把自己的外表当作一大缺憾，并且认为爱情和婚姻的问题是对自己的严峻考验。对扮演自己的性别角色没有信心的男孩子，在青春期会有模仿女孩子的倾向，他会变得带有脂粉气，会有一些被宠坏的女孩子般的恶习，如搔首弄姿、装腔作势、乱发脾气等。即使是对异性的态度，也是在生活最初的四五年间打下基础的。性的驱动力在襁褓时代的最初几个星期便已经相当明显，但是在它能做出适当的表现之前，却没有哪一种东西能激发它。假如它没有受到刺激，它的出现必定是自然之事，我们不必大惊小怪。例如，当我们在孩子一岁时，会看到他有区域的性激动征象，这时不用害怕，我们应该用我们的影响力和孩子合作，让他不要只对自身发生兴趣，而要多注意环境。假如这种自渎无法阻止的话，那又是另一种情况了。此时，我们可以断定这个孩子别有用意：他不是性驱动力的牺牲品，而是有意利用它来达成自己的目的。通常，这类小孩子的目标是吸引别人的注意力。他们能够感到父母的惊讶和害怕，他们也知道如何捉弄父母。如果他们的习惯不能达到吸引别人注意力的目的，他们就会将之放弃。

我曾经强调不应对孩子们给予身体上的刺激。父母们通常非常疼爱他们的孩子，他们的孩子也很喜欢他们。为了增加孩子们的情爱，他们总是搂抱或亲吻他们。他们应该知道这不是正当的方法，他们不应该如此残忍。孩子们在心灵上也不应该受刺激。孩子们和成年人在回忆童年时，经常告诉我当他们在父亲的书房中看到某些春宫图画或观看到这类影片时所引起的感觉。他们实在是不宜观看这种图画或影片的。如果我们避免刺激他们，就不会发生相关问题了。

另外一种形式的刺激，是我们已经在前面说过的向孩子们灌输不必要和不合宜的性知识。有许多成年人似乎有一种散播性知识的狂热，他们生怕有人长大后在这方面仍然一无所知。假如我们回顾自己的过去或研讨别人的历史，我们将看不到像他们预期的那种灾难。我们宁可等待孩子开始好奇而想知道这方面的事时才告诉他们。如果父母对孩子相当留意的话，即使他不开口，他们也会了解他的好奇心。假若孩子把父母当作密友，他就会向父母发问，此时，父母应该以孩子能够吸收并了解这类知识的方式回答他。

还有，父母在孩子面前最好也避免有过分亲密的表现。如果可能的话，孩子应该不要和父母睡在同一个房间里或同一张床上，更理想的是他也不要和哥哥或姐姐睡同一个房间。父母对子女的情况应该密切注意，不能掉以轻心。如果他们对孩子的性格和目标没有认识，他们就无法知道孩子有哪些地方能够受人影响，或要用什么方式才愿受人影响。

# 正视青春期

把青春期当作一段特别奇异的时期，几乎是一种世界性的迷信。一般而言，人类发展的各个阶段都会被赋予各种属于私人的意义，并被认为能够完全改变一个人。例如，大部分人对于更年期的态度就是如此。然而，这一类阶段并不是几个截然不同的改变；它们只是连续生活中的一段，它们的现象也没有什么特别的重要性。重要的是个人在这些阶段中所期待的是什么，他们赋予它的意义和他学会的面对它的方法。人们对青春期的到来常常会感到不安，仿佛是见了妖魔鬼怪一般。如果我们正确地理解了这些情形，我们就会知道，在青春期，除了社会情况会要求孩子们在生活态度方面做一些新的适应之外，其他的现象对他们并不会有所影响。然而，有些青年却相信，青春期是一切事物的终结，他们所有的价值和尊严都已失去，他们已经不再有合作和奉献的权利，他们认为没有人需要他们了。青春期的所有问题都是从这些感觉发展出来的。

如果这个孩子已经学会把自己当作和社会上任何人平等的一分子，并了解他应该做的奉献工作，尤其是如果他已经学会将异性看作平等的友伴，那么青春期将只是给他一个机会，让他开始对成年人的生活问题做出独立而有创造性的解答。如果他对这些观念的认识程度比别人低，如果他对环境抱有错误的看法，在青春期，他会显得好像还没做好享受自由的准备。假如有人强迫他去做他必须做的工作，他就能够完成它。如果让他自己去做，他就会胆小如鼠、一事无成。这种孩子在有人监督的情况下将会表现良好，但是一到自由的环境，他就不知何去何从了。

# 第九章

# 犯罪及其预防

# 了解犯罪心理

通过个体心理学，我们可以了解各种不同类型的人，但是，人与人之间的差异其实并没有这么明显。我们发现：罪犯和问题儿童、神经官能症患者、精神病患者、自杀者、酗酒者、性欲倒错者等所表现出的失败，都是属于同一种类的。他们都是在处理生活问题时遭遇了失败，特别是在一个令人注意的固定点上，他们完全陷于失败。他们都缺乏社会兴趣，他们对自己的同胞漠不关心。然而，即使如此，我们也没有理由认为他们和别人截然不同，并将他们区分开来。没有哪一个人是可以完全合作或具有完全的社会感的，罪犯的失败只是程度较深的共同失败而已。

要了解罪犯，还有另一点是很重要的，但在这一点上，他们和其他人也毫无区别。我们都希望克服困难。我们都努力着，想要在未来实现一个目标，实现了，我们将会觉得自己强壮、优越、完美。美国著名的教育理论家和心理学家杜威（Dewey）把这种倾向称为对安全的追求,这是非常正确的。还有人将其称为对自我保全（self-preservation）的追求。不管我们如何称呼它，我们在人类身上总可以发现这条巨大的活动线——挣扎着要由卑下的地位升至优越的地位，由失败到胜利，由下到上。它从最早的儿童时期便已经开始，一直持续至生命的终止。因此，当我们在罪犯中也发现同样的倾向时，我们不必惊讶。在罪犯的各种活动和态度中，都显现出他也是想努力成为优秀的人物，想解决问题，想克服困难。他和普通人的不同之处并不在于他没有做这种形式的追求，而在于他所追求的方向。当我们看出他之所以采取这种方向，是因为他不了解社会生活的要求和不关心其同胞时，我们就会知道他的行为是十分不明智的。我们必须特别强调这一点，因为有许多人并不这样想。他们认为罪犯是不正常的人，和一般的人完全不同。例如，有些科学家断言：所有的罪犯都是心智低下者。还有些人特别重视遗传，他们相信罪犯是天生的，是生来就注定要犯罪的。另外还有人主张，罪恶是环境造成的，是不能改变的，一旦犯了罪，就会继续犯下去！现在已经有许多证据足以反驳这些观点，而且我们也必须认识到，假如我们接受了这些观点，解决犯罪问题的希望便荡然无存了！在我们有生之年，我们必须消除这种人间的悲剧。从整个人类历史中，犯罪一直是一种悲剧，现在我们必须奋身而起，采取行动来对付它，我们绝不能对它视若无睹，只无可奈何地说："这些都是遗传搞的鬼，我们一点办法也没有！"

不管是环境还是遗传都没有强迫性的力量。同一个家庭、同一个环境出身的孩子，可能朝着完全不同的方向发展。有时候，罪犯可能出身于清白的家庭；有时候，在经常有人出入监狱或感化院的犯罪世家中，我们也会发现性格和品行都很好的孩子。而且，有些罪犯到后来痛改前非了，许多犯罪心理学家都理解不出为什么有的强盗在将近三十岁时，竟然会放下屠刀，重新做人。假如犯罪是一种先天的缺憾，或是在环境中注定要发生的，那么这些事实便无法为人所理解。然而，从我们的观点来看，它们却毫无难解之处。也许个人的处境已经变得比较优越，环境对他们的要求减少了，他们的生活态度中的错误也没有再出现的必要。或者，他也许已经得到了他想要的东西。最后，他还可能迈入老年，行动不便，不适合再继续犯罪生涯：他的骨骼僵硬得不能再飞檐走壁，梁上君子这一行他是干不下去了。

## 犯罪、精神病与懦弱

在做更进一步的讨论之前，我希望先澄清所谓“罪犯都是疯子”的观念。虽然有许多精神病患者也会犯罪，但是他们犯的罪却属于完全不同的类型。他们犯的罪是完全不了解自己和用错误的方法对待自己的结果。同样，我们也应该撇开心智低能的罪犯，他们其实只是一件工具而已。真正的罪犯是那些在背后主谋的人，这些人都是懦夫。他们描绘出一幅美丽的远景，他们激起了心智低能者的幻想或野心，然后他们把自己藏起来，让他们的牺牲品去执行犯罪计划，并冒受惩罚的危险。当然，当经验老到的罪犯唆使年轻人犯罪时，情况也是如此。老于此道的罪犯拟好了犯罪计划，再哄骗年轻人去充当执行者。

## 合作与犯罪的关系

现在，让我们再回头讨论我所提过的巨大活动线：每一个罪犯——以及其他的每一个人——都遵循着这条线在追求胜利，在追求稳固的地位。在这些目标之间，有许多的不同和变异。我们发现罪犯的目标总是在追求属于他私人的优越感。他所追求的，对别人一点贡献都没有，他也不和别人合作。社会需要各式各样的成员，我们都有合作的能力，都能彼此需要，也都是有用的。但是，罪犯的目标不包括这种对社会的有用性，这是犯罪者最显著的特点。后面我们将会讨论他们为什么会这样。现在我所要谈的是，假如要了解一个罪犯，我们要找出的主要点是他在合作中失败的程度和本质。罪犯之间的合作能力是各不相同的；他们有的非常缺乏这种能力，有的则相对好一些。例如，有些人约束自己只能犯点小罪小恶，有些人则会犯下滔天大罪。他们有些是主谋，有些是从犯。为了了解犯罪的种种不同，我们必须更进一步检讨个人的生活态度。

个人典型的生活态度在很早就会建立起来，在四五岁的时候，我们已经可以看出其主要轮廓。因此，我们不能认为要改变它是一件简单的事情。生活态度体现了一个人的人格，只有了解一个人在建造自己的生活态度时犯了什么错误，它才有可能改正过来。所以，我们可以了解：为什么有许多罪犯虽然被惩罚过无数次，受尽侮辱和轻视，并失去了社会生活的各种权利，却仍然我行我素，一再犯下同样的罪行。强迫他们犯罪的，并不是经济的困难。当然，在经济萧条、人们负担加重时，犯罪案件会直线上升。统计结果显示，犯罪案件的增加是和物价的上涨成正比例的。然而，这并不足以证明经济环境会导致犯罪。它所能说明的是人们的行为是受到限制的。例如，他们合作的能力便有许多限度，当达到这些限度时，他们就无法贡献自己的力量了。他们拒绝再合作，并加入犯罪的阵营。从其他的各种事实中我们也可以发现，有许多人在优越的环境中不会犯罪，但是当生活中存在太多他们无法应对的问题时，他们就开始犯罪了。此处，最重要的是生活态度，也就是应对问题的方法。

从个体心理学的这些经验中，我们最少可以得出一点非常简单的结论：罪犯对别人都不感兴趣，他们只有有限的合作能力，超过这个限度时，他便开始犯罪。当一个问题他使尽全力都无法解决时，他的合作限度便崩溃了。如果我们考虑每个人都必须面临的生活问题，以及罪犯无法解决的问题，最后，我们将会发现：在我们的一生中，除了社会问题外便没有其他问题，而这些问题只有在我们能够与别人合作时才能解决。

## 人生三大问题

个体心理学告诉我们，生活的问题可以分成三大类。

第一类是与其他人之间关系的问题，也就是友谊问题。罪犯们有时候也能够有朋友，但大多只是同流合污的朋友。他们会结党营私，彼此也能推心置腹。但是，由此我们可以看出他们是如何缩小了他们的活动范围。他们不能和正常社会的一般人成为朋友。他们把自己当作边缘人，他们不知道和自己的同胞相处时，要怎样做才会觉得自在。

第二类问题是与职业有关的各种问题。如果问罪犯有关这方面的问题时，其中有许多人会回答："你根本不知道工作的辛劳！"他们认为工作是辛苦的，他们不愿意和其他人一样和困难做斗争。有用的职业蕴涵了对他人的兴趣和对他们幸福的贡献，但这正是罪犯人格中所缺少的品质。这种合作精神的缺乏很早就显现出来了，所以大部分的罪犯对解决职业问题都没有充分的准备。大多数的罪犯都是不学无术、缺乏一技之长的人。如果你追溯他们的历史，你会发现他们在学生时代，甚至是在进学校之前，就已经发生困难了。他们从未学会合作之道。要解决职业问题，非要先学会与人合作不可，但是这些罪犯偏偏与此道无缘。因此，假如他们在职业问题上面失败了，我们也不能过分责怪他们。我们应该把他们看作没有学过地理的人在参加地理科目考试一样，他自然会答非所问，甚至交白卷。

第三类问题包括了所有的爱情问题。在美好的爱情生活中，对配偶的兴趣和合作是同等重要的。有一个值得注意的现象是，被送进感化院的犯人，在入院之前，有半数患有性病。这个现象显示，他们对爱情问题需要的是一种简单的解决方法。他们把异性当作一宗财产，我们经常发现他们认为爱情是可以购买的。对这种人而言，性生活是征服，是占有，也是他们应该保有的东西，而不是生活中的伴侣关系。“如果不能随心所欲地得到我想要的东西，”有许多罪犯说道，“生活还有什么意思？”

现在，我们可以理解我们该从哪里开始防止人们犯罪了。我们必须教给罪犯合作之道，只在感化院里鞭打他们是没有什么用的。如果是这样，他们被释放后，很可能会再次危害社会。在目前的情况下，社会是绝对无法将罪犯完全隔离开的。因此，我们要问：“既然他们还不适合过社会生活，我们该拿他们怎么办？”在所有的生活问题上都不愿与人合作，这可不是个小问题。在一天中，我们时时刻刻都需要合作，我们和别人合作能力的程度就表现在我们观看、谈吐和倾听的方式上。如果我的观察没有错误，罪犯们看、说、听的方式都和别人不同。

他们有不同的语言，我们不难猜测这种差异妨碍了他们智力的发展。当我们说话的时候，我们总希望每个人都能了解我们。了解本身就是一种社会因素，我们给予语言一种共同的理解；我们理解它的方式，应该是和任何其他人一样的。但是罪犯们就不是这样了，他们有私人的逻辑和私人的智慧。我们可以从他们对其罪行的理解方式上看出这一点。

他们既不是愚笨，也不是心智低下。如果我们接受了他们错误的个人优越感目标，他们的结论大部分都是正确的。也许有个罪犯会说："我看到一个人有条很棒的裤子，而我却没有，所以我要杀死他！"现在，假使我们承认他的欲望是很重要的，而且又没有人要求他以正当的方式谋生，那么他的结论便是正确的。当然，这是完全背离常识的。据报道，在匈牙利曾经出过一宗刑事案件。有几个妇人用毒药制造了许多谋杀案。当她们其中的一个被送进监狱时，她说："我的儿子病得奄奄一息，我只好毒死他。"如果她不愿意再合作了，除此之外，她还能做些什么？她是很清醒的，但是她有一种不同的认知体系，对事情有不同的看法。由此，我们可以理解，为什么有些罪犯在看到吸引人的东西并想轻而易举地获取它们时，会理直气壮地认为：他们应该从这个他们不感兴趣而又充满敌意的世界中，把这些东西夺过来。他们对这个世界有一种错误的看法，他们对自己的重要性和别人的重要性也有一种错误的评估。

## 合作的早期影响

但在考虑他们缺乏合作精神时，他们对自己和别人的评估却不是最主要的。罪犯全部是懦夫，他们逃避了他们觉得自己的能力不足以应对的问题。除了他们所犯的罪行之外，我们可以在他们面对生活的方式上看出他们的懦弱。即使是在他们所犯的罪行里，我们也可以看到他们的懦弱。他们隐藏在僻静和黑暗中，恐吓过往行人，在行人采取防卫措施之前先亮出了武器。罪犯以为自己是很勇敢的，但是我们绝不可认同他们的想法，否则，我们就被愚弄了。罪行是懦夫模仿英雄行径的表现。他们在追求着一种自己构想出来的个人优越感目标，他们以为自己是英雄，但其实这又是一种错误的认知体系，也是缺少常识的表现。我们知道他们是懦夫，假如他们知道我们对这一点很清楚时，必然会大吃一惊。因为当他们觉得自己击败了警察时，他们的虚荣心和骄傲感都会增加，所以他们常常会想："我是绝不会被抓到的。"假如对每一个罪犯的生涯做一次仔细的探讨，我相信我们一定会发现他曾经犯过许多罪而未被发觉。这是一件非常不幸的事。当这些罪犯东窗事发时，他们会想："这次我在某些地方失策了，下回一定要干得干净利落点！"假如他们成了漏网之鱼，他们会觉得自己已经达到目标了，他们扬扬得意，接受同伴的祝贺和赞赏。

我们必须打破罪犯对其勇气和机智的评断方法。但是，缺口在哪里呢？我们可以在家庭、学校或感化院里做到这一点。后面我会再描述它的要害所在。现在，我要进一步讨论可能造成合作失败的环境。有时候，这个责任必须由父母来承担。也许母亲技巧不够，不能让孩子和她合作：她或许认为没有人能够帮助她，或许自怨自艾，觉得自己都不能和自己合作。在不愉快的婚姻或破裂的婚姻中，我们很容易看到合作精神的缺失。婴儿最先是和母亲合作，而这位母亲很可能不希望让孩子的社会兴趣扩展到他父亲、其他孩子或成年人。此外，这个孩子可能一直觉得自己是家庭中的霸王；到他三四岁的时候，另一个孩子出生了，他被从王位上赶了下来。这些都是必须被考虑的因素；而且，假如你追溯罪犯的生活，你大概会发现，他的麻烦在他早年的家庭生活中便已经出现了。具有影响力的并不是环境本身，而是孩子对其地位的误解，而且也没有人去纠正他。

假如有一个孩子在家庭中特别杰出或天赋特别高，对其他的孩子来说这是一件难堪的事情。这种孩子获得了最多的注意，其他人则觉得气馁而愤愤不平。他们拒绝合作，因为他们想奋力竞争，却又没有足够的信心。在这些被别人的光芒所遮掩，而没有机会表现自己才能的孩子身上，我们常常能看到这种不愉快的人格发展。在他们中间，我们可能发现有罪犯、神经官能症患者或自杀者。

对于缺乏合作精神的孩子，在上学第一天我们就能够从他的行为中看出缺点。他无法和其他的孩子交朋友，也不喜欢老师。他漫不经心，上课时也不专心听讲。如果老师不了解他，他可能会遭受新的打击。他会受尽冷嘲热讽，而不是谆谆教导和鼓励，教师不会向他传授合作之道。无疑，他会觉得学业很乏味！假如他的勇气和自信时时受到打击，他自然不可能对学校生活感兴趣。我们会发现很多罪犯在上学时常常因为他的愚笨而受到责备。他对别人的兴趣逐渐丧失，他的目标也渐渐转移到没有用的东西上面。

贫穷也很容易使人对生活产生错误的理解。出身贫寒的孩子在家庭之外可能会遭到社会的歧视。他的家庭可能衣食匮乏，终日在愁云笼罩中和生活搏斗。他自己也可能很早就需要赚钱贴补家用。以后，当他看到许多有钱人过着奢侈的生活，并能随心所欲地购买东西时，他会觉得他们享受的权利是不应该比他多的。这就是在贫富悬殊的大都市里犯罪案件特别多的原因。妒忌绝不会产生有价值的目标。在这种环境中的孩子很容易产生误解，以为得到优越感的方法就是对金钱的不劳而获。

自卑感也可能集中在身体的缺陷上，这是我自己的发现之一。由于这一点，我竟然也替神经学和精神病学中的遗传理论做了开路先锋，这真是不无遗憾。但是，最初我在写由身体引起自卑感和其心灵上的补偿作用时，我便已经预感到这种危险了。这种自卑感的产生不应归咎于身体，而应问罪于我们的教育方法。如果我们用的方法正确，有体征缺陷的孩子对别人和对自己都会感兴趣。假如没有人在旁边帮助他们发展对别人的兴趣，他们便会只关心自己。当然有许多人是患有内分泌腺的缺陷，但是我却很乐于澄清一个事实：

我们绝对无法说出某种内分泌腺的正常作用应该是什么样子的。我们内分泌腺的作用可以有相当大的变化而不损及人格。因此，我们可以撇开这个因素不予考虑，尤其是如果我们的目的是找出正确的方法，从而使这些孩子也成为良好的公民并且有和其他人合作的兴趣时，更应如此。

在罪犯中有相当大的比例是孤儿，按照我的看法，如果人类不能在这些孤儿之间建立起合作精神，简直是我们文明的奇耻大辱。私生子也是如此——没有人挺身而出来赢取他们的情感，并将之转移到全体人类身上。被遗弃的孩子有很多会走上犯罪之路，尤其是当他们知道没人要他们的时候。在罪犯中间，我们也经常能够发现容貌丑陋的人，这件事实曾经被用来证明遗传的重要性。但是，请设身处地地想一想，容貌丑陋的人会有什么感觉！他是非常不幸的。也许他是不同种族的混血儿，没有吸引人的外貌，并遭受着社会的偏见。因为这一类孩子长得很丑，所以他的整个生命都承受着重压，他甚至没有我们每个人最喜欢回忆的时光——欢乐而美好的童年。但是，假如我们用正确的方法来善待这些孩子，他们是会发展出社会兴趣的。

还有一件有趣的事实是，在罪犯们中间，有时候我们也会发现英俊潇洒的男孩或男人。假若身体有缺陷的人被认为是不良遗传的牺牲品，天生就带有身体上的缺陷——如残手、兔唇等，那么对这些英俊的罪犯，我们又该怎么理解呢？其实，他们也是生长在一个很难发展出社会兴趣的情境里，他们是被宠坏的孩子！罪犯可以被分为两种类型：一种类型的人不知道世界上还有所谓的同胞之爱，对它也完全没有经验。这种罪犯对别人有一种敌视的态度；他的外貌充满敌意，并且把每一个人都当作敌人看待。因此，他根本不会发现有人欣赏他。另一种类型是被宠坏的孩子。在罪犯的埋怨中，我经常注意到有人在说：“我会有今天的下场，都是因为我的母亲把我惯坏了。”对这一点，我们应该再详加讨论，但是我在这里提到它，只是要强调：尽管罪犯所受的教导和练习各不相同，但他们却都没学会合作之道。父母们可能也想把他们的孩子教育成良好的公民，可是他们却不知从何入手。如果父母整天板着脸孔，事事吹毛求疵，他们一定不能将孩子教育得很成功。如果父母骄纵孩子，让他成为舞台上的主角，他就会觉得自己的存在就足够重要了，而不愿意做任何有创造性的努力，以博取其他人的赞扬。因此，这种孩子会失掉奋斗的能力，他们一直希望有人来注意他们，也一直期待着某些事情的到来。如果他们找不到可以满足他们愿望的方法，他们就会责怪环境。

现在，让我们研究几个个案，来看看我所说的是否正确，当然，这些个案的内容并不是为这个目的而写的。我要讨论的第一个个案，是从谢尔顿（Sheldon）和吉利克（Eleanor T. Glueck）合著的《五百犯罪生涯》一书中选出来的，是“百炼金刚约翰”的个案。这个男孩检讨他犯罪生涯的起因时说：“我从没有想到我会这么自甘堕落的。一直到十五六岁，我和别的孩子都是一模一样的。我喜欢运动，我也经常到图书馆借书来看，我的生活井井有条。后来，我的父母让我退学，要我去工作，并且把我的薪水全部拿走，每个礼拜只给我五角钱。”

这些话都是他的控诉。如果我们问他和父母之间的关系，如果我们能够看到他的整个家庭情境，我们就能发现他真正经历的是什么。目前，我们只能断定他的家庭不太和谐。

“我工作了将近一年，然后我开始和一个女孩子来往。她很喜欢玩。”

我们经常会发现罪犯会把感情寄托在一个喜爱玩乐的女人身上。这是一个合作程度的问题和考验。他和一个喜好玩乐的女孩子来往，可是他每星期却只有五角零用钱。我们不认为他这样做真的能解决爱情问题。他应该知道天下还有许多女孩子。在这种情况下，假如是我，我会说："如果她这么喜欢玩乐，她一定不是我想要的女孩子！"可是，每个人对生活中最重要的东西的看法是各不相同的。

"这年头，只凭一个礼拜五角钱，你根本不可能让女孩子玩得痛快。老头子又不肯多给我一点。我难过得很，心里总是在想，要怎样我才能多赚一点钱？"

常识会告诉他："你应该更加努力，多赚一点钱。"但是他想不劳而获，他希望讨好这个女孩子，也使自己高兴，其余就管不了那么多了。

"有一天我遇见了一个人，很快我们就混熟了。"

遇见陌生人是对他的又一次考验。有正当合作能力的男孩子，是不可能被引诱动心的。但是这个孩子的处境却很可能使他接受诱惑。

"他是'老大'（换句话说，就是资格很老的窃贼。他聪明能干、精通此道，而且肯和你分享成果，又不会用卑鄙手段来害你）。我们一起干了几票生意，都顺利得手了。以后我就很熟练了。"

我们还了解到：他的父母有一栋房子。父亲是一家工厂的领班，只有周末他们才能全家团聚。这个男孩是家里三个小孩之一；在他误入歧途之前，他们家里从没有人有犯罪的记录。我很想知道主张遗传的科学家对这个个案会有什么样的解释。他还承认在十五岁时便开始和异性发生性关系了。我敢断言，有些人一定会批评他好色。但是这个孩子对别人并没有兴趣，他只想使自己快乐。纵情淫乐是任何人都能做到的，这并没什么困难。这个孩子是想在这方面寻求别人的欣赏——他想要成为征服异性的英雄。他在另一方面的兴趣也能证实我们所说的各点。他希望在容貌上胜过别人，以吸引女孩子的注意。他替她们付钱，希望能赢得她们的芳心。他戴着一顶宽边帽，颈部系着一条红色的大手帕，皮带上插着一把左轮手枪，并给自己取了一个“西部不法之徒”的外号。他是个虚荣心很强的男孩，想要表现自己的英雄作风，但又没有其他的方法。因此，他十六岁因行窃被捕后承认了控诉他的各种罪名，并大言不惭地说：“还有很多其他事呢！”

“我不认为有什么活下去的价值。对于一般所谓的人道，我除了最彻底的蔑视外，就一无所有了。”

这些思想其实全部是来自潜意识的。他不了解它们，也不知道它们连贯起来以后的意义是什么。他觉得生命是一种负担，但是他不明白自己为什么这么气馁。

“我学会了不信任别人。大家都说贼不互偷，其实没这回事。我曾经有个伙伴，我对他仁至义尽，他却在暗中害我！”

“如果我有了足够的钱，我也会像平常人一样正直的。我的意思是说：我要有足够的钱可以任意花销而不必工作。我不喜欢工作，我讨厌它，以后我也绝不工作。”

我们可以把这最后一点转译如下：“该对我误入歧途负责的，是压抑。我强迫着要压抑下自己的希望，结果变成了罪犯。”这一点，是值得我们深思的。

“我从来没有存心想犯罪。每当我开车到一个地方去的时候，自然就有一些东西会来招惹我，让我心痒难耐，结果只好把它带走了。”

他相信这是英雄行径，绝不承认它是一种懦弱的表现。

“我第一次被捕时，身边有价值四千美元的珠宝。但是我实在想不出有什么事是比找女朋友更痛快的，所以想卖掉珠宝换点现金去看她，结果他们就抓到我了。”

这种人在他们女友身上大把花钱，轻易地赢得了她们的好感，他们都认为这是一种真正的胜利。

“监狱里有各种学校，我要在这里尽我所能地接受教育——我不是要洗心革面，而是要把自己变成社会上更厉害的人物！”

这种态度表现出对人类的极度痛恨。不仅如此，他根本就不想人类生存在这个世界上。他说：“如果我有孩子的话，我一定要绞死他！你想我会罪恶深重到把一个人带到这世界上来吗？”

我们该怎样感化这样的人？除了设法增进他的合作能力，并让他明白他对生活估计的错误所在以外，实在没有其他办法了。我们只有在追溯出他儿童时代最早的误解时，才能设法劝服他。在这个个案中，我对这方面一无所知。个案并未描述我所认为的重要之点。如果一定要我猜测的话，我会猜他是长子，最初像平常长子一样受尽宠爱，后来，因为另一个孩子的出生，他觉得权位尽失。假如我的猜测正确，你会发现：诸如此类的小事都可能妨碍合作的发展。

约翰还说，当他被送入工业感化学校后，在那里受尽了虐待。当他离开时，心里充满了对社会的强烈仇恨感。对这一点，我必须说几句话。从心理学家的观点来看，监狱中的粗暴待遇就是一种挑战。它是对强韧性的考验。同样，当犯人们不断听到“回头是岸，重新做人”时，他们也会把它当成一种挑战。他们要成为英雄，因此他们非常乐于接受这一类挑战。他们把它看成一种比赛，他们觉得社会在挑战他们，他们必须坚强地撑下去。如果一个人以为他正在和全世界作战，还有什么事比挑战更能惹恼他？在问题儿童的教育上，向他们挑战也是最大的错误之一：“我们看看谁比较强！我们看看谁撑得住！”这些孩子和罪犯一样，都沉迷在要成为强者的观念里。如果他们够聪明的话，他们也会知道自己是可以摆脱这种观念的。感化院常常对犯人们提出种种挑战，这是最糟糕的做法。

现在我想给你看的是一个谋杀犯的日记，他已经因为这项罪名被处绞刑了。他残忍地谋杀了两个人，在作案之前，他把自己的意向都写了下来。这部日记给了我一个机会，让我能描述在罪犯心中进行的计划。没有哪个人在犯罪之前是没有计划的，在计划之时，他们对自己的行为必然会给出一个合理的解释。在这一类的自白书中，我从没有发现过把自己的罪行描述得简单明了的例子，也从没有发现过不想替自己的行为辩解的犯人。在此，我们可以看出社会感的重要性。即使是罪犯，也会想和社会感协调一致。同时，他还要准备消灭社会感，在他作案之前，要先突破社会兴趣的壁垒。因此，在俄国著名作家陀思妥耶夫斯基（Dostoevsky）的著名长篇小说《罪与罚》中，拉斯柯尔尼科夫（Raskolnikov）在床上躺了两个月，考虑着他是否该去犯一项罪行。最后，他用这个想法鼓起了勇气："我是拿破仑，还是一只虱子？"罪犯们经常用这一类的想象来欺骗自己、激励自己。其实，每个罪犯都知道他不是在从事着有用的生活面，他们也知道生活中有用的一面是什么。然而，由于懦弱，他们却对它置之不理。他们之所以懦弱，是因为他们缺乏成为有用之才的能力，生活的问题都是需要和人合作才能解决的，可是他们对合作之道却一窍不通。以后，罪犯们会想解脱掉他们的负担，他们会寻找一些借口来掩饰自己的行径，例如生病、失业等。

下面都是从这部日记中摘录出来的句子：

"认识我的人都背离了我，我讨人厌，我惹人嫌，我是众人侮辱的目标（他显然很爱面子）。我的巨大不幸几乎要把我毁灭。没有什么东西值得我留恋，我觉得我无法再忍受下去了。我应该听天由命、任人宰割，可是吃饭的问题怎么办呢？肚皮可是不听指挥的啊！"

他开始寻找借口了。

"有人预言我会死在绞刑台上。但是话又说回来，饿死和死在绞刑台上又有什么区别呢？"

在一个个案里，有个母亲对他的孩子预言道："我知道有一天你一定会绞死我！"当这个孩子十七岁的时候，果然绞死了他的妈妈。预言和挑战是有同样作用的。

“我顾不得后果了。无论如何我总要死的。我一无所有，别人也拿我无可奈何。既然我想要的女孩子都不肯和我见面了……”

他想要引起这个女孩子的注意，可是他既没有体面的衣裳，又没有钱。他把这个女孩子看作一宗财产，这就是他对爱情和婚姻问题的解决方法。

“我也只好拿出同样的手段，想办法把她弄来当奴隶，否则我就彻底受不了了！”

这种类型的人都喜欢采取激烈的极端主义。他们像小孩子一样，或者得到每一件东西，或者什么东西都不要。

“星期四我就要孤注一掷了。祭品也已经选定，我在静待着时机的到来。当它来临时，发生的将是一件没有人干得了的事。”

他是自己心目中的英雄，他即将做的事一定惨绝人寰，不是每一个人都做得出来的。他带了一把小刀，杀死了一个大惊失色的人。这真不是每个人都做得出来的事！

“像牧羊人驱赶羊群一样，肚子也驱使着人们去做最黑暗的罪行。可能我再也看不到太阳升起了，不过我不在乎。最可怕的就是饥饿的痛苦。我已经受够这种痛苦的煎熬了。最后的苦恼将是接受他们的审判。犯了罪当然要付出代价，不过死亡总比挨饿好。如果我饿死了，没有人会注意到我。可是，现在有多少人会注意我！也许有些人还会为我流下同情之泪。我已经下定决心了，我必须干！没有一个人曾经像我今夜这么彷徨、这么害怕过。”

毕竟他不是他自己所想象的英雄！在审讯时，他说：“虽然我没有击中他的要害，但我还是犯了谋杀罪。我知道我是注定要陈尸绞架了，遗憾的是别人穿的衣服都那么漂亮，而我却一辈子都没穿过像样的衣服。”他不再说饥饿是他的动机了，现在他关心的是衣服。“我不知道我到底做了什么事。”他辩解道。罪犯辩解的方式各有不同，但是他们总会来这么一手。有时候，罪犯在作案以前会先喝酒以推卸责任。这些都证明了他们要如何努力才能突破社会感的壁垒。在每一个对犯罪生涯的描述中，我相信我都能指出我所说过的各个特点。

## 犯罪问题的解决办法

现在，我们面临真正的问题了，我们该怎么办呢？如果我的说法正确，在每件犯罪案件中，我们都能看到缺乏社会兴趣而又没有学会合作之道的个人，在追求着虚假的个人优越感，我们又该怎么办呢？对待罪犯就像对待神经官能症患者一样，除非我们在赢得他们的合作上能获得成功，否则我们就一筹莫展。然而，我却不能过分强调这一点；假如我们能使罪犯对人类的幸福产生兴趣，假如我们能使他们对其他人感兴趣，假如我们能教会他们用合作的方法来解决生活的问题，那么就不会有任何问题了。如果我们做不到这些，我们就什么事也办不了。这项工作并不像它看起来那么简单。我们不能为了争取他而让他做简单的事情，当然我们更不能要他做他做不了的事情。我们也不能指出他的错误，并和他发生争辩。他的意志是很坚定的，他用这种方式来看这个世界已经有许多年了。如果我们要改变他，我们必须找出他行为模式的根基。我们必须发现他的失败是从什么地方最先开始的，以及造成这种失败的环境是怎样的。他的人格的主要表现在四五岁的时候便已经决定了；他在犯罪生涯中表现出来的对自己和对世界错误的估计，也是在这个时候造成的，我们必须了解和纠正的也就是这些原始的错误。因此，我们必须找出他的态度最初的发展历程。

后面他会把他经历的每一件事情都用他的态度来解释，如果他的经历和他的态度不十分符合，他会沉思、回味，直至其形状面目全非。假如有个人有这种态度：“天下人都在侮辱我、亏待我。”他就会发现许多能使他信心更为坚定的证据。他会拼命搜寻这一类证据，对另一方面的证据则视而不见。罪犯只对他自身和自己的观点感兴趣，他有他自己观看和倾听的方式，我们常常可以看到他对和他自己生活解释不一致的事物一概不予注意。因此，除非我们能获知他各种解释背后的意义和他各种观点的成因，并发现他的态度最初开始时的方式，否则我们就无法劝服他。这就是严厉刑罚总是不生效的原因之一。罪犯会把它看作社会充满敌意及不可能与之合作的证据。这一类事情可能是在学校遭遇到的，他会因此而拒绝合作，结果不是成绩每况愈下，就是在班上捣蛋不停。因此，他会再受到责备和惩罚。可是这样就能鼓励他和别人合作吗？不会的，这样会使他会对这个情境更感到失望，觉得大家都在和他作对。有什么人会对一个自己经常受到责备和惩罚的地方培养出兴趣呢？在这种情况下，孩子会信心全失，对学校、老师、同学再也不会感兴趣。他开始逃学，四处游荡，寻求隐匿之所，以免被发现。在这些场所，他会找到一些和他有同样经验，又走上同样道路的孩子。他们了解他，他们不但不责怪他，反倒恭维他，并燃起他的野心，让他把希望寄托在生活中无用的一面上。当然，因为他对社会的生活要求不感兴趣，他会把他们当作朋友，并把一般的社会当作敌人。这些人很喜欢他，他和这些人相处也觉得自在多了。就这样，许许多多的孩子加入了犯罪集团，假如在以后的生活中，我们也以同样的方式对待他们，他们会拿它当作新的证据，认为我们都是他们的敌人，只有罪犯才是他们的朋友。

这种孩子是完全不应被生活的考验击垮的。我们不应该让他们丧失希望。假如我们在学校中能培养孩子们的自信和勇气，我们便能很容易地防止这一点。后面我们将对这种主张做更详尽的讨论，现在我们只是利用这个例子来说明罪犯如何一贯地把惩罚当作社会和他作对的象征。

严刑峻法产生不了效果还有其他的原因。有许多罪犯并不十分珍爱他们的生命，他们之中有些人在生命的某些时刻几乎是在自杀边缘徘徊。严刑峻法根本吓阻不了他们。他们沉迷在想击败警察的欲望里，一心一意要证明警察对他们无可奈何。他们把很多事物都当作挑战，这就是他们对这些挑战的反应之一。如果狱警严格苛刻，如果他们受到刻薄待遇，他们必然会拼死抵抗到底。这样做只会增加他们想与警察一较高低的决心。他们对每一件事情都是依照这种方式来理解的。他们把和社会的接触当作一种连续不断的战争，并竭力想在其中获得胜利；假如我们也抱有同样的看法，那就正中其下怀。即使是电椅也可以作为这一类的挑战。罪犯们好像以为他们是在赌博，赌注愈高，他们想表现自己技艺超群的欲望便愈强。有许多罪犯犯罪，都是这个原因。被判处极刑的犯人经常会懊悔他们为什么没能逃过警探的追捕，如：“我要是没丢下那块手帕就好了！”

我们唯一的补救方法就是找出罪犯在儿童时期所遭受到的对合作的妨碍因素。在此，个体心理学为我们在这片黑暗大陆上投下了一片曙光，我们因此可以看得比较清楚。在五岁左右，孩子的心灵就成为一个整体，他人格的许多线脉都会聚在一起了。遗传和环境对他的发展也会有所影响；但我们对孩子天生的性格以及他所遭遇到的经历并不十分关心，我们注意的是他利用它们的方式，他对它们有什么看法，以及他因为它们而达到的成就。了解这一点是相当重要的，因为我们对遗传的能力或无能其实是一无所知的。我们必须考虑的是他所处情境的各种可能性，以及他把它们运用至何种程度。

所有罪犯尚可挽救的余地是他们还有某种程度的合作，不过却不足以适应社会生活的要求。对这一点应负最大责任的是母亲。她必须知道如何扩大这种兴趣，如何把孩子对她的兴趣扩散，直到孩子对别人产生兴趣。她必须以身作则，让孩子对全体人类和自己未来的生活产生兴趣。但是，也许这位母亲不愿意让她的孩子对任何其他人感兴趣，她的婚姻可能不是很美满，夫妻俩正考虑要离婚，或他们彼此妒忌对方，等等，因此，她可能希望自己能完全保有这个孩子，她宠爱他、骄纵他，不愿意让他脱离自己而独立。在这种情况下，孩子合作能力的发展自然会受到限制。

关心自己的小伙伴，对社会兴趣的发展也是非常重要的。有时候，一个孩子若是成了妈妈的心肝宝贝，别的孩子便不大愿意和他交朋友。当他对这种情况发生误解时，这就很容易成为犯罪生涯的起点。假如家庭中有一个杰出的天才，在他前后的孩子经常会成为问题孩子。例如，次子长得很讨人喜爱的时候，他的哥哥就会觉得自己光彩尽失。这种孩子很容易用自己遭受到冷落的感觉来欺骗自己、沉迷自己。他会到处寻找证据来证明他观点的正确。他的行为开始反常，他因此受到严厉的管束，结果他更加相信自己被放在了冷板凳上。由于他觉得受到别人的压迫，他会开始偷窃；被发现后，又饱受惩处。这样一来，没有人喜欢他以及人人都在和他为敌的证据便更多了。

当父母在子女面前抱怨生活艰难、世道险恶时，他们也会妨碍孩子社会兴趣的发展。假如他们老是指责他们的亲戚或邻居，老是批评别人并显露出对别人的恶意和偏见，也会发生同样的事情。无疑，孩子们长大后，对其同胞的为人会产生歪曲的看法，如果他们因此转而反对他们的父母，我们也不必感到惊讶。一旦社会兴趣受到阻碍，就容易形成自私的态度。这种孩子会觉得："我为什么该替别人效力？"而且，当他用这种态度无法解决生活的问题时，他会犹疑不决，并寻找能使自己下台的脱罪之词。他会认为和生活搏斗是相当艰难之事，假如他伤害了别人，他也毫不在意。既然这是一场战争，那么使出什么手段都是无可厚非的！

从下面的几个例子中，你可以追溯出罪犯的发展模式。在一个家庭里，第二个儿子是问题儿童，据我们所知，他身体十分健康，也没有遗传性的缺陷。他的哥哥是家里的宠儿，他始终像在参加一场比赛要打败他的对手一样，时时想赶上他哥哥的成就。他的社会兴趣完全没有发展出来，他对母亲的依赖非常深，并且尽其所能地向她索取每一样东西。在和他的哥哥竞争时，他觉得非常棘手，他的哥哥在学校里总是名列前茅，而他则总是班上最后几名。他想要统驭别人的欲望是非常明显的，他在家中老是对一位老女仆发号施令，让她忙得团团转，并且像士兵一样训练她。这位女仆很喜爱他，因此在他二十岁时她仍然让他过着扮演将军的瘾。他一直对他必须完成的工作心怀忧虑，同时也总是一事无成。他在经济困难时，便向母亲开口要钱，虽然难免要受到批评和指责，不过最后还是能如愿以偿。他突然结婚了，困难也随之增加。可是，他所关心的只是要赶在他的哥哥之前结婚，并视之为他的一大胜利。由此可见，他对自己的评估实在是太低了——他只想在这类微不足道的事上占上风。他根本还没有做好结婚的准备，所以夫妻俩便时常吵架。当他的母亲不能像以往一样资助他时，他订购了一架钢琴，转售掉后，又付不出货款，结果便吃了官司，锒铛入狱。在这段经历中，我们在他童年时代便看到了他以后行径的基础。他在哥哥的阴影下成长，就像一株小树被大树夺尽阳光一般。他聚集了各种印象，认为他和出尽风头的哥哥相比，受到了太多的轻侮和忽视。

我要举的另一个例子，是一个野心勃勃而又非常受父母宠爱的女孩子。她有一个深为她所妒忌的妹妹，不论是在家里还是在学校，她的敌意都很明显地流露出来。她一直很注意她的妹妹受偏爱的证据，例如获得较多的金钱或糖果等。有一天，她偷了同学的钱，被发现了，并且受到处罚。幸好，我有了向她解释前因后果的机会，她也因此摆脱了她无法和妹妹一较短长的观点。同时，我也向她的家庭解释这种情况，他们同意避免再造成妹妹更受偏爱的印象，以消除她的敌意。这是二十年前的事了，现在这个女孩子已经结婚生子，成了很有声望的人，从那次以后，她在生活中再也没有犯过重大的错误。

我们已经考虑过对孩子的发展特别危险的各种情境，现在，我很乐于把它们做个总结。我们之所以要强调它们，是因为如果个体心理学的发现是正确的，那么我们就必须先认清这些情境对罪犯观念的影响，才能真正帮助他们参加合作活动。容易产生特别困难的三类孩子：第一类是有体征缺陷的孩子，第二类是被宠坏的孩子，第三类是受到冷落的孩子。有体征缺陷的孩子觉得自己被自然剥夺了天赋的权利，除非他们关心别人的能力得到过特殊的训练，他们总是比平常人更关心自己。他们也一直在寻求统驭别人的机会。我曾经看过一个案例，一个男孩子因为追求女孩遭到拒绝而觉得受到侮辱，结果竟唆使一个年纪比他小而且又比他笨的男孩去刺杀她。被宠坏的男孩心里总是牵系在宠爱他们的母亲身上，他们无法把兴趣扩展到世界的其他部分。没有哪一个孩子是完全被弃之不顾的，如果这样的话，他必定连婴儿期的第一个月都无法度过。但是，在孤儿、私生子、弃婴、丑陋的孩子和残疾孩子之中，我们发现了许多可称为受到冷落的孩子。因此，罪犯可以分为两种主要类型——丑陋而被轻视以及英俊而被宠坏——的原因，便不难理解了。

我曾经想在我自己接触过的罪犯之中，以及我在报章书籍读过的对罪犯的描述之中，找出罪犯的人格结构。我发现，个体心理学的主要概念，能让我们对此有所了解。下面，我要从费尔巴哈（Anton von Feuerbach）所著的一本古老的德国书中选出几个例子，来做更进一步的说明。在这些故事中，我们可以看到犯罪心理学的最佳描述。

（一）康拉德（Conrad K.）的个案。他和一个工人合力谋杀了他的父亲。他的父亲一向轻视这个孩子，对他残暴不仁，并把整个家庭搞得鸡犬不宁。有一次，这个孩子还手打他，他就把孩子带上法庭。法官对孩子说道："你的父亲太恶劣了，实在是没办法！"请注意这位法官的话已经种下了祸因。这个家庭想尽方法要改变父亲的劣根性，但总是无计可施。后来，发生了一件更令他们失望的事情。这位父亲把一个声名狼藉的女人带回来同居了，并且把他的儿子逐出了家门。这个孩子结识了一个工人，这个工人对孩子的处境极为同情，并劝这个孩子杀掉父亲，以绝后患。这个孩子因为母亲而犹豫不决，但是家中的情况却江河日下，一天不如一天。经过长期的考虑之后，他终于同意了这个工人的建议，借着这个工人的帮助，他杀死了父亲。在此，我们看到这个孩子根本没有把他的社会兴趣扩展到父亲身上。他仍然依恋着母亲，并且非常尊敬她。在他毁灭掉这些残余的社会感之前，他必须先找出脱身之词以减轻自己的罪状。当他从这个工人之处获得支持后，凭着一股怒气，他便下定决心犯下罪行。

（二）玛格丽特·斯文齐格（Margaret Zwanziger）的个案，她的外号是"毒药女死神"。她从小在孤儿院长大，外表瘦小丑陋，她就像个体心理学所说的那样，急于想吸引别人的注意，但却饱受冷眼。在经过许多令她心灰意懒的尝试之后，她曾经三次试图毒死别的女人，希望能因此而占有她们的丈夫。她觉得她们夺走了她的情人，除毒死她们外，她想不出其他的方法来夺回她的情人。她假装怀孕，企图自杀，以获取这些男人的关怀。在她的自传里（有许多罪犯都以撰写自传为乐），她写道："我每次做了恶事以后，都会想：'没有人曾经为我悲哀过，我为什么要对他们的不幸感到悲哀呢？’”她也不知道自己为什么会这样想。这可以作为个体心理学对潜意识观点的证据。

在这些文字里，我们可以看出她如何唆使自己去犯罪，并为自己找出各种借口。当我主张要合作并培养对别人的兴趣时，总会听到这一类的说法：“可是别人对我并没有兴趣呀！”我会回答：“反正一定要有人先开头的。如果别人不肯合作，那并不是你的事。我的看法是由你自己先开头，不必管别人合作不合作！”

（三）N.L.，长子，教养欠佳，跛一脚，以兄代父职，管理他的弟弟们。这种关系也是一种优越感目标，乍视之下，它似乎是属于有用的一面。然而，它也可能是一种骄傲和炫耀的欲望。以后，他把母亲赶出家门去行乞，并且骂道：“滚你的蛋吧！老狗！”我们真要替这个孩子感到悲哀，他甚至对母亲都不感兴趣了。如果我们从他孩提之时起就了解他，我们就能知道他是如何走向犯罪生涯的。他失业了很长一段时间，没有钱，又染上了性病。有一天，在回家的途中，他因为想强占弟弟的微薄收入而和弟弟发生了争执，并杀死了他。在此，我们看出了他合作的极限——失业，没有钱，还有性病。每个人都会有这样的限度，超出了这个限度，他就觉得再也难以为继了。

（四）一个最初是孤儿的孩子被一个人收养了，他的养母娇宠他到了令人难以置信的程度。他因此成了一个被宠坏的孩子。他热衷于竞争，想高人一等，并给人以深刻的印象。他的养母鼓励他，希望他能实现愿望。结果他变成了骗子和诈骗犯，不择手段地骗钱。他的养父母是贵族的后代，他也装出贵族的派头，花光了他们的钱，并将他们从他们的房子中赶了出去。不良的教养和过分的骄纵使他不务正业，他认为克服生活困难的唯一途径就是撒谎和欺骗。这使得每个人都成了他所要欺骗的对象。他的养母宁可不要自己的丈夫和儿子也要爱他。这种待遇使他觉得他有获得每样东西的权利。但是，他认为自己无法用正当的方法来取得成功，这又显示出他对自己的能力过分低估。

我们已经指出：任何孩子都不应该受到这种令人气馁，而且对合作又毫无助益的自卑感之害。在面对生活问题时，并没有哪一个人是注定要被击败的。罪犯都采用了错误的方法，我们必须为他指出他错在什么地方，为什么采用这种方法，同时，我们还要鼓励他对别人发生兴趣并且和别人合作。如果大家能认识到犯罪是懦弱的表现，而不是勇敢的行为，那么我相信，罪犯就无法对自己的行为自圆其说，而且也没有小孩子再愿意在未来走上犯罪道路。在所有罪犯的案例里，不管对它们的描述是否正确，我们都能看到儿童时期错误的生活态度的影响，这种样式都表现出缺乏合作的能力。我相信合作的能力是可以通过培养获得的，它与遗传没有必然关系。当然，合作的潜能是天生的，但是每个人都有这种潜能，要想激发它，就必须培养和练习。在我看来，关于犯罪的其他观点都是多余的，除非我们能造就精通合作之道而且又是罪犯的人。我从来没有遇见过这种人，我也从未听说有人曾遇见过这种人。防范犯罪的最佳方法就是适当程度的合作。只要这一点未被认清，我们就无法期望避免犯罪的悲剧。教孩子合作就像教他们地理课一样，因为它是一种真理，真理必然是可以传授的。不管是成人还是孩子，假如他没有充分准备就去参加地理科目的考试，他必然会遭到失败。同样，不管是成人还是孩子，假如没有充分准备，就到一个需要合作的情境去接受考验，那么他也会一败涂地。

解决我们面临的各种问题都是需要合作的。我们对于犯罪问题的科学探讨已经接近尾声，现在我们必须鼓起勇气，面对事实。人类在地球上生存了千万年，仍然找不出应对这个问题的正确方法。曾经被使用过的方法似乎没有效果，而犯罪仍在我们身边不断发生。经过研究，我认为这种现象的原因是我们从未采取适当的措施来改变罪犯的生活态度，并预防他们养成错误的生活态度。缺少了这个环节，任何方法都无法真正产生效果。

让我们重新回顾一下我们研究的过程。我们已经发现罪犯并不是特殊的人类，他和其他人一模一样，他的行为也是人类行为的合理延伸。这是一个非常重要的结论。假如我们了解犯罪本身并不是孤立的事件，而是生活态度的病症，假如我们能看出这种态度是如何造成的，而不把它看作根本解决不了的问题，那么我们就有足够的信心来改变它。我们发现，罪犯不合作的思想和行为一般会持续很长一段时间，这种缺乏合作的根基可以追溯到儿童时期，即四五岁的时候。在这段时间，他对别人兴趣的发展出现了阻碍。我们已经描述过产生这种阻碍和他的母亲、父亲、同伴、周围的社会偏见，以及环境的困难等因素之间的关联性。我们发现，在形形色色的罪犯之间，在各种不同的失败者之间，他们最主要的共同点就是缺乏合作精神，缺乏对别人及对人类幸福的兴趣。假如我们想要在罪犯身上有点作为，我们就必须培养他们的合作能力。除此之外，别无他途。要使罪犯有所改变，我们所做的每件事情都取决于他是否具备合作能力这个因素。

罪犯和其他的失败者有一个不同之处。他虽然在长期反抗合作后，像其他人一样失去了在正常的生活工作中获取成功的信心，但是，他还从事了某些活动，只是这些活动都被他投向了生活中消极的方面。他在这些消极的方面非常活跃，而且在这些方面他也能与相同类型的罪犯互助合作。在这一点上，他和神经官能症患者、自杀者、酗酒者都不相同。然而，他的活动范围却非常有限，有时候，他活动的可能性就只剩下犯罪。有些罪犯甚至不会犯各种各样的罪行，而是一次又一次地犯下同一种罪行。这是他活动的世界，他把自己禁锢在这个狭小的天地里。在这些行为中，我们可以看出他究竟丧失了多少勇气。他必定会丧失勇气，因为勇气是合作能力的一部分。

罪犯日夜都在准备着犯罪工作所需要的手段和情绪，他白天计划，夜晚则做梦以清除残余的社会兴趣。他一直在寻找能减轻他犯罪感的借口，以及迫使他不得不犯罪的原因。要击破社会感的壁垒并不容易，它具有相当大的抗拒力，但是假如他计划要犯罪，他总得想出一个办法——也许是回忆他所受过的冤屈，也许是培养愤恨的情绪——来克服这种障碍。这能帮助我们了解他为什么要不断地寻找对周围环境的解释以坚定他的态度，也能帮助我们了解到和他辩论为什么总是一无所获。他用自己的眼睛看世界，他为自己的论点已经准备了一切。除非我们能发现他这种态度是如何出现的，否则我们无法期待能使他改变。然而，我们却具有一项让他无法抗衡的利器，那就是我们对别人的兴趣，它可以让我们找出真正能够帮助他的方法。

罪犯在开始筹划犯罪时，一般都是身处困境，他没有勇气以合作的方式来面对问题，而是想找一个比较简单的解决方式。这种情况特别容易发生在他需要钱的时候。像其他人一样，他也在追求着安全感和优越感，他也希望去解决困难、克服障碍。然而，他的追求却是社会所不允许的：他的目标是想象出来的个人优越感，他获得这种目标的方法是设法使自己觉得自己是警察、法律和社会组织的征服者。破坏法律、逃避警探、逍遥法外——这些都是他和自己玩的把戏。比方说，当他使用毒药害人的时候，他会相信这是他个人的巨大胜利，而且他会一直这样欺骗自己、麻醉自己。他在初次落入法网以前，通常都已经得手过许多次，因此他在东窗事发时的想法大概是："假如我再聪明一点，我就能躲过去了！"

从以上所述，我们可以看出他的自卑情结。他逃避着劳动的情境以及必须和别人发生联系的生活和工作。他觉得靠自己的能力无法获得正常的成功。他不肯和人合作的习性会增加他的困难，因此大部分罪犯都是非技术性的劳工。他发展出一种毫无价值的优越感来隐藏他的自卑情结。他一直在想象自己是多么勇敢，多么出类拔萃。但是，我们能够把一个生活战线上的逃兵称为英雄吗？罪犯其实是生活在自己的梦里，他根本不知现实为何物，他必须尽力使自己不要面对现实，否则他就只能放弃他的犯罪生涯。因此，我们会知道他在想："我是世界上最伟大的强人，我看哪个人不顺眼，我就可以打死他！""我比任何人都聪明，因为我干了坏事，却仍然能逍遥法外！"

我们已经知道在生命的最初几年，心理负担过重的孩子和被宠坏的孩子在以后是如何走上犯罪道路的。有体征缺陷的孩子需要特别照顾，这样才能把他们的兴趣引导到别人身上。被冷落的孩子，不受欢迎、不被欣赏或讨人厌的孩子也都处于类似的情境，他们没有和别人合作的经验，也不知道合作可以使他们受人喜欢、赢取别人的情感，并解决自己的问题。从来没有人教过被宠坏的孩子要凭自己的力量来获取东西，他们以为只要自己开口要求，这个世界就会迎合他们的需要。假如别人不能听凭他予取予求，他就觉得别人待他不公，从而拒绝合作。在每个罪犯背后，我们都能追溯出诸如此类的历史。他们未曾受过合作的训练，没有合作的能力，每当遇到问题的时候，都不知道该如何是好。因此，我们该做的事就是教给他们合作之道。我们已经有了充分的知识，而且，到目前为止，也已经有了足够的经验。我确信个体心理学已经告诉了我们如何改变每一个罪犯。但是，请想想看，如果要找出每一个罪犯给予个别的矫治，以改变其生活态度，那是一件多么艰巨的工作！很遗憾的是，在我们的文化里，大部分人在他们的困难超过某一限度之后，合作的能力就荡然无存了。结果在经济萧条的时代，犯罪案件便大量增加。我相信，假如我们要用这种方式来消灭犯罪，我们必须矫治人类种族的一大部分。我敢断言，我们不可能立竿见影地把每一个罪犯或潜在的罪犯都改造成循规蹈矩的人。

然而，我们还有很多可以做的事情。即使我们不能改变每一个罪犯，我们也能够采取某些措施，来减轻其力量不足以应对生活问题者的负担。例如关于失业和缺乏职业训练等问题，我们应该设法使每个愿意工作的人都能获得职业。这是降低社会生活的要求以使大部分人不致丧失最后合作能力的唯一办法。毋庸置疑，如果能做到这一点，犯罪案件必然会减少。我不知道我们的时代是否能够使人们不再受经济问题的困扰，但是我们应朝着这个方向努力迈进。我们还应该给予孩子较好的职业训练，以使他们能较妥善地面对生活，并拥有较大的活动空间。在这方面，已经有了相当大的成绩，我们该做的，只是再加强我们的努力而已。虽然我不相信我们可能对每一个罪犯施予个别矫治，我们却能通过集体矫治来帮助他们。比方说，我们可以和罪犯们一起讨论社会问题，正如我们在这里讨论这些问题一样。我们可以问一些问题让他们来回答，我们应该打开他们的心灵之窗，使他们从迷梦中觉醒过来；我们应该使他们摆脱他们对世界的个人理解，以及他们对自己能力的过分低估；我们应该教他们不要限制自己的发展，并消除他们对必须面临的情境和社会问题的恐惧。我敢断言，从这一类的集体矫治中，我们一定能获得巨大的成功。

社会生活中，我们还应该消除让罪犯或穷人看作挑战的每一件事物。如果社会上贫富悬殊，贫穷的人必然会愤恨不平，并跃跃欲试。因此，我们应该铲除奢靡浮华的风气，只让少数人坐拥巨富、日耗千金是不应该的。在矫治落后孩子和问题孩子时，我们发现，用考验他们的力量的方式来向他们挑战是完全没有用的。因为当他们以为自己是在和环境作战时，他们便会坚持自己的态度而不肯妥协。罪犯也是如此。在这个世界上，我们可以看到，警察、法官，甚至是我们制定的法律，都在向罪犯挑战，这引起了他们的愤恨之情。威吓是没有什么作用的，假如我们冷静一点，不提罪犯的姓名，也不公布他们的事迹，那么情况可能会好得多。这种态度是需要改变了。我们不应再以为采取严厉制裁或柔和政策能够改变罪犯，他只有在清楚地了解了自己的处境时，才会发生改变。当然，我们必须宅心仁厚，我们不要以为严刑峻法能够吓住他们。我们说过，严刑峻法只会增加这场竞赛的刺激性，即使罪犯坐上了电椅，他们也只会为自己行事不慎而感到遗憾。

如果我们更加努力地找出应该对犯罪负责的人，那么对我们的工作必然有所帮助。据我所知，至少有40%的罪犯逃过了警察的追捕，这无疑会助长罪犯的气焰。犯了罪而未被发现，这等于是给他们增加经验的机会。关于这些，有一部分我们已经予以改进了，而且我们也正朝着正确的方向努力。还有一点很重要的是，不管是在监狱中还是在出狱后，都不要羞辱犯人或向他挑战。如果能够找到适当的人选，我们宁可增加监督缓刑犯的官吏，不过这些官吏对社会的问题和合作的重要性也应当有确切的认识。

通过这些方法，我们可以做好许多事情。然而，我们仍然无法使犯罪的数量大为减少。幸好，我们另外还有一个非常实用而且非常成功的方法。假如我们能够培养我们的孩子，使之具有适当的合作能力，假如我们能发展他们对别人的兴趣，那么犯罪的数量便会大为减少，而其效果也是指日可待的。这些孩子将不容易受人利用或被人煽动，无论他们在生活中遇到什么样的麻烦或困难，他们对别人的兴趣都不会丧失，他们和别人合作以及圆满地解决生活问题的能力都会比我们这一代人高。大部分罪犯很早就开始他们的犯罪生涯了，他们通常从青春期就开始犯罪，在十五至二十八岁的青年的犯罪案件是最多的。因此，我们的努力很快便能见到成效。不仅如此，我敢断言，教养良好的孩子也会影响他们的整个家庭生活。独立、乐观、高瞻远瞩，而且发展良好的孩子是父母们最大的安慰和帮手。合作的精神很快就会遍及全世界，而人类的整个社会风气也会提升至较高的水准。在我们影响孩子的同时，我们也影响了父母和教师。

剩下来的唯一问题是我们应该如何选择最佳的下手之处，以及用什么方法来培养孩子，让他们能自己面对日后生活和工作中的问题。我们该培养所有的父母吗？不是的，这个方案并不能带给我们多大的希望。父母们是很难被我们掌控的，最需要训练的父母都是最不愿意和我们见面的父母。我们无法接近他们，因此我们必须另觅他途。那么，我们是否应该把所有的孩子都集中起来，看着他们成长，并终日监视着他们？这个方案似乎也好不了多少。其实，我们有一个实际可行，而且又能真正解决问题的方法。我们可以利用教师作为推进社会进步的动力，我们可以训练教师来纠正孩子们在家庭中养成的错误，并发展他们的社会兴趣，使之扩展到别人身上，这是学校自然的发展方向。由于家庭无法教给孩子应对日后生活中所有问题的方法，人类才设立了学校，以作为家庭的延伸。我们为什么不利用学校来增强人们的社交能力和合作能力，使大家对人类的幸福更感兴趣呢？

简而言之，我们在现代文化中所享受的各种成果，都是许多人奉献出自己力量的结果。假如个人不合作，对别人不感兴趣，而且也不想对团体有所贡献，他们的生活必然是一片荒芜，他们身后也不会留下一丝痕迹。只有奉献过的人，他们的成就才会保留下来。他们的精神会持续下去。如果我们以此作为教导孩子的基础，他们自然会喜欢合作。面临困难时，他们也不会示弱；他们有足够的力量来面对最困难的问题，并以符合众人利益的方式来解决它们。

# 第十章

# 职业

# 平衡生活的难题

束缚人类的三条系带构成了人类的三个问题，这三个问题是不能分开来解决的，要解决任何一个问题都仰赖于其余两个问题的顺利解决。第一条系带构成了职业问题。我们居住在地球上，我们拥有的只是这个星球的资源：土地、矿产、温度和大气。为地球带给我们的问题寻求解答一直是人类的主要工作。即使在今日，我们也不能以为我们已经找到了十全十美的答案。在每一个时代，人类都会找出某一水准的答案，但是无论如何，人类总是要不断地追求进步和更高的成就。

我们所拥有的解决职业问题的最佳方法，和第二个问题有密切关联。束缚人类的第二条系带是他们同属于人类的种族，而且生活在和他们所面临的三个问题的联系之中。假如某一个人单独居住在地球上，从未见过其同类，那么他的态度和行为必定迥然不同。我们必须时时刻刻和别人接触、合作，并且对他们有兴趣。这个问题的最佳解决方法是友谊、社会感和合作。这个问题的解决对于解决职业问题有莫大的助益。

由于人类学会了合作，所以我们才采取了分工的方法，分工合作是人类幸福的主要保障。假如每一个人都不愿意合作，也不愿仰赖过去人类的成果，而只想凭一己之力在地球上谋生，那么人类的生命必然无法再延续下去。通过分工，我们可以利用许多种不同培养的结果，并将许多能力不同的人组织起来，从而使他们对人类共同的幸福都有所贡献，这不仅保证了人类的安全，也增加了社会所有成员的机会。当然，我们不能夸口说我们已经达到尽善尽美的地步，也不能装得好像分工制度已经发展到最高峰。但是，假如我们想解决职业问题，我们就必须在人类分工合作的架构中占据一席之地，并且为别人的利益奉献出我们的力量。

有些人试图要逃避这种职业问题，他们不愿意工作，对人类共同的兴趣也漠不关心。然而，我们会发现，他们虽然不愿意面对职业问题，但他们总是在恳求别人的帮助。他们仰赖别人的劳动为生，自己对别人却一无贡献。这就是被宠坏的孩子的典型生活态度：当他们面临问题时，总是要求别人出力帮他解决困难。这些被宠坏的孩子破坏了人类的合作规则，并且总是把不公平的负担扔给热心于解决生活问题的人。

束缚人类的第三条系带是他（她）是男女两种性别之一，而非第三种性别。他（她）在延续人类生命一事上所占的地位，有赖于他（她）向异性的接近，以及其性别角色的履行。两性之间的关系也构成了一个问题，而且它也是不能和另外的两个问题分开来解决的。要成功地解决爱情和婚姻的问题，一个对人类分工有所贡献的职业是绝不可少的，和其他人保持友善的接触也是很必要的。依据我们的研究，在我们的时代，对这个问题最完美的解决方法，也是最符合社会要求和分工制度的解决方法，就是一夫一妻制。从个人对这个问题的解决方式中，可以看出他的合作程度。人类生活中的三个问题是永远分不开的，它们彼此互相交缠着，解决了一个问题必定有助于另一个问题的解决。因此，我们可以说，它们其实是同一种情境、同一种问题的不同层面，这个问题就是，人类必须在自己所处的环境中保存生命、拓展生命。

在此，我们愿意再重述一次：以尽母亲天职而对人类生活有所贡献的女性，也像其他人一样，在人类的分工制度中占有崇高的地位。如果她对其子女的生命有浓厚的兴趣，并努力要使其成为健全的公民，如果她致力于扩展他们的兴趣，并教之以合作之道，那么她对人类的贡献更是无法估计的。在我们的文化中，母亲工作的价值经常被过分低估。作为母亲的工作只能获得间接的报酬，而以之作为主要职业的女性通常在经济上也不得不依赖别人。然而，一个家庭的成功与否，母亲的工作和父亲的工作是同等重要的。不管母亲是在家主持家务还是独立出外做事，她作为母亲的工作地位是绝不会比她丈夫低的。

母亲是第一个影响子女职业兴趣发展的人。孩子在生命最初的四五年间所受的培养和努力，对他在成年后生活中的活动范围有决定性的影响。每当有人要求我做职业辅导时，我总会问他开始时情形如何，以及他在能记事的第一年时对什么东西最感兴趣。他对这段时间的记忆显示出他一直以来是用什么思想来培养自己，它们会显示出他的原形以及他的认知体系。对于最初记忆的重要性，之后我还会再详细描述。

培养的第二步是由学校执行的。我们相信学校现在正在逐渐增加对孩子未来职业的注意，并训练他们眼、耳、手等官能的技巧。这种培养和一般学科的教学是同样重要的。然而，我们不能忘记，一般学科的教学对孩子的职业发展有着不可磨灭的重要性。我们经常听到有人说，他们已经把在学校中所学的拉丁文或法文完全忘光了，但是，这些科目仍然是应该教授的。综合过去的经验我们发现，在研读这些科目时，可以让心灵的各种功能都有被训练的机会。有些新式的学校特别注意职业训练和工艺训练，这种方式也能增加孩子的经验并提高他们的自信心。

假如孩子从儿童时代便已经决定他将来要从事哪一种职业，那么他的发展便会简单得多。如果我们问孩子他们以后想做什么，他们大多会有一个回答。这种回答肯定不是经过仔细考虑的，当他们说以后要当飞行员或汽车司机时，他们也不知道自己为什么要选择这门行业。我们的工作就是要找出其潜在动机，以发现他们努力的方向，推动他们前进的力量，他们的优越感目标，以及他们要使其具体实现的方案。他们的回答只能让我们知道在他们心目中哪一种职业是最优越的，从这个职业中我们还可以看出能帮助他们抵达其目标的其他机会。

十二岁至十四岁的孩子大致会更清楚他们以后所要从事的职业，假如一个孩子到这个年纪还不知道自己将来要做些什么，那我真要为他感到担心。他们表面上缺乏雄心并不意味着他对什么事情都不感兴趣。他们可能野心勃勃，却没有足够的勇气来说出他的野心是什么。在这种情况下，我们必须耐住性子来找出他们的主要兴趣。有些孩子在十六岁结束高中学业之时，对自己未来的职业仍然拿不定主意。他们通常是品学兼优的学生，但是对以后的生活却一点主意也没有。如果详加注意，我们会发现这些孩子大多野心勃勃，不过却不肯真正与人合作。他们没有找到他们在分工制度中应该走的道路，也无法及时找到实现其野心的具体方法。因此，早一点问孩子们希望从事哪一种职业是很有好处的。我时常在学校里提出这个问题，引导孩子思考这个问题，以免他们忘却。我还问他们为什么要选择这种职业，他们通常都会很仔细地告诉我。在孩子对职业的选择上，我们可以看出他全部的生活态度。他会告诉我们他努力的主要方向和他认为生活中最有价值的东西是什么。我们必须任他选择他认为最有价值的职业，因为我们也无从判断哪一种职业比较高尚或哪一种职业比较低下。无论他选择的是什么职业，只要他脚踏实地做自己的工作，而且也专心致力于为别人奉献出自己，那么他就是高尚的。他的唯一职责就是训练自己，设法支持自己，并在分工制度的架构中安置好自己的兴趣。

但还有些人不管选择了哪一种职业都不会感到满意。他们想要的不是一个职业，而是保证其优越地位的方法。他们不希望应对任何生活问题，因为他们觉得生活根本就不应该向他们提出问题，这些人是被宠坏的孩子，他们只盼望能获得别人的帮助。也许有一大部分人对他们在最初四五年间所摸索出来的方向真正感兴趣，可是由于经济的因素或父母的压力，他们不得不选择另一个方向，去从事一门他们不感兴趣的职业。这件事情也能证明儿童时期培养的重要性。假如我们在一个孩子的最初记忆中发现他对视觉的事物有兴趣，我们便能推测他可能适合必须运用眼睛的职业。在职业辅导中，最初记忆是绝不可忽视的。有些孩子也许会提起某人对他说话的印象，或是风吹铃响的声音，我们由此可以知道他是属于听觉型的，可能适合从事和音乐有关的职业。在其他的回忆里，我们还会看到有关动作的印象。这些人比较偏好运动，他们也许对户外工作或旅行的职业比较感兴趣。

人最常见的努力之一是超越家庭中的其他成员，尤其是希望比父亲或母亲更进一步。这是一种很有价值的努力，我们非常乐于看到孩子们青出于蓝而胜于蓝。而且，假如一个孩子希望在他父亲的行业中胜过父亲，他父亲的经验便能给他一个很好的开始。如果一个孩子的父亲服务于警界，孩子通常都会有成为律师或法官的野心。假如他的父亲受雇于村里的诊所，这个孩子很可能希望将来自己能当医生。假如父亲是教师，孩子很可能会想要成为大学的教授。

在观察孩子时，我们经常可以看到他们在训练自己从事某种生活中的行业。比方说，有个孩子希望成为教师，我们就能看到他带领着一群孩子，在玩老师给学生上课的游戏。孩子们的游戏能让我们看出他的兴趣所在。希望要成为妈妈的女孩子，会喜欢洋娃娃，并培养自己对婴孩的兴趣。有些人以为假如我们给她们洋娃娃，会使她们脱离现实，其实她们是在训练自己认同母亲，并从事母亲的工作。她们应该早点开始练习，假如太晚了，她们的兴趣就会固定而不易变更。有些孩子会对机械或技术表现出浓厚的兴趣，假如他们能达成其心愿，这也会成为以后生活中良好职业的基础。

还有些孩子一向不愿意登上领袖的位置，他们总是希望找一个领袖来跟随，这个领袖就是肯收留他作为下属的孩子或成人。这并不是一种良好的倾向，假如我们能降低这种卑顺倾向的话，我一定会觉得非常高兴。如果我们不能消除它，这种孩子在以后的生活中将不能居于领袖的地位，依照他们的意愿，他们会选择成为小职员，从事一些每一件事情都已经被人预先安排好的例行工作。

在无意中遇见生病或死亡等问题的孩子，对医生、护士或药剂师等职业可能会比较感兴趣。我相信他们的努力是应该被鼓励的，因为我发现拥有这种兴趣而成为医生的人，都是早就开始训练自己，并且非常喜欢他们的行业。有时候，死亡的经验还可能以另外一种方式来补偿。有些孩子可能希望以艺术或文学的创作来求取永生，有些则可能献身于宗教事业。

游手好闲、好吃懒做等逃避就业的错误行为，也是从生命早期开始的。当我们看到这样的孩子在以后的生活中躲避困难时，我们必须以科学的方式找出其错误的成因并用科学的方法纠正他。假如我们居住在一个四体不勤、五谷不分便能随心所欲获得任何东西的星球上，那么懒惰可能成为美德，而勤劳则为人所不齿。然而，从我们和我们所居住的地球之间的关系来看，我们可以得出结论：对职业问题合乎逻辑的解答和常识一致的解答就是我们必须工作、合作和奉献。以往，人类一直是凭直觉来认识这一点，现在我们则是从科学的角度来认识其重要性。

从儿童早期便开始的培养，在天才的身上最为明显。我相信，天才的问题能使我们对这个题目更为了解。只有对人类的共同福利有杰出贡献的个人，人们才称之为天才。我们无法想象身后对人类没有留下丝毫利益的天才究竟是什么样子。艺术是全体人类精诚合作的结晶，伟大的天才也提高了我们的整体文化水准。荷马（Homer）在他的史诗中只提到三种色彩，而用这三种色彩来描述所有颜色的区别。无疑，人们在那个时代已经注意到更多的色彩差异，但是这种差异似乎是微不足道的，所以也没有为它们命名的必要。是谁教我们分辨出各种色彩，让我们能叫出它们的名字呢？我们必须说，这是画家和艺术家的功劳。作曲家们也曾经将我们听觉的精密性提高至相当水准。现在我们之所以能够用和谐的音调代替原始人单调的声乐，都是音乐家们所赐，他们润泽了我们的心灵，并且教我们如何培养听觉功能。是谁增加了我们心灵的深度，让我们谈吐优雅、思想深邃？那是诗人。他们润饰了我们的语言，使之更富于弹性，并适用于生活的各种用途。天才是人类中最善于合作的人，这应该是没有什么可质疑的。在他们行为和态度的某些方面，我们或许看不出其合作能力，但是我们却能从其生命的整个历程中体会到他们是多么善于合作。也许他们并不像其他人那样易于合作。他们的道路崎岖难行，路上险阻甚多。他们经常是以有重大缺陷的器官作为起始点的。在很多杰出者的身上，我们能看到某种器官上的缺陷，因此，我们能得到一种印象，认为他们在生命开始时便命运多舛，可是他们却挣扎着克服了种种困难。我们尤其能注意到他们很早就把自己的兴趣固定在某个领域，他们在儿童时期就开始刻苦地训练。他们磨炼自己的理性，使自己能够接触并了解世界上的各种问题。从这种早期的培养，我们可以断言，他们的成就和他们的天才是他们自己创造出来的，而不是遗传或上苍的赐予。他们努力奋斗，使得后世能分享其余荫。

早期的努力是晚年成功的最佳基础。假如我们让一个三四岁的小女孩单独玩耍，她开始为她的洋娃娃缝制一顶帽子。当我们看到她在工作时，赞扬她几句，并告诉她怎样才可以把它缝得更好。她受到激励后，会更加努力改进自己的技艺。但是，假设我们叫道：

“把针放下来！你要刺到手了，你根本不需要自己做帽子，我们出去买一顶更漂亮的！”她会马上放弃她的努力。假如我们在日后的生活中比较这两个女孩子，我们会发现，第一个女孩子已经发展出艺术的爱好，第二个却不知道自己能做些什么事，她会以为她买来的东西一定比她自己做的好。

## 发挥兴趣

如果在家庭生活中过分强调金钱的价值，孩子们会只凭收入的多寡来看待职业的问题。这是一种很大的错误，因为这种孩子所遵循的不是他能贡献于人类的某种兴趣。虽然每个人都应该谋求自己的生活，而且忽略了这一点的人也真的会使自己成为别人的负担，但是，只对赚钱有兴趣的人必定会和合作之途背道而驰。假如“赚钱”是他的唯一目标，而其社会兴趣又付之阙如，那么他就没有不能用抢劫或欺诈来获得钱财的理由。即使情况不是这么极端，他赚钱的目标中还包含有少量的社会兴趣，可是就算他已经腰缠万贯，他的所作所为对于别人仍然毫无益处。在我们这个光怪陆离的时代，致富之道何止万千，即使是旁门左道，有时候也会为人带来巨富。对此，我们不必感到惊讶。虽然我们绝不敢说刚正不阿、有所不为的人一定能够成功，但是我们敢断言，他必能使其勇气保持不坠，并不失其自尊。

职业有时候可以用来作为逃避爱情和社会问题的借口。在我们的社会里，经常有一些人利用事业忙碌作为逃避爱情和婚姻问题的借口。一个狂热地献身于事业的男人可能会想：“我没有时间花在我的婚姻上，因此我不应对它的不美满负责。”神经官能症患者对爱情和社会这两个问题更是要想方设法逃避。他们不是回避异性，就是用错误的方法接近他们。他们没有朋友，他们对别人也不感兴趣。他们只是夜以继日地忙着自己的事业，白天想，晚上做梦时也在想。他们使自己长期处于紧张状态，结果诸如胃溃疡之类的神经官能症便出现了。现在，他们更可以拿胃部疾患作为逃避爱情和社会问题的借口了。还有些人喜欢改变职业，他们一直以为他们能够找到更适合自己的职业，他们到处游移不定，结果总是一事无成。

对于问题儿童，我们应该做的第一步就是找出他们的主要兴趣。由这一点入手，要比对他们做整体性的鼓励容易得多。如果是未曾找到合适职业的年轻人，或是在职业上失败的中年人，我们应该找出他们的真正兴趣，一面利用它对他们做职业辅导，一面帮他们寻找就业机会。这并不是很容易的事情。在我们这个时代，失业问题是相当严重的。如果是在一个每个人都致力于合作的时代，这种现象是不应该存在的。因此，我相信，每一个了解合作重要性的人，都应该努力消除失业的现象，使每个愿意工作的人都有工作可做。我们可以用增设职业学校、技术学校和加强成人教育等方法来帮助推行这件事。有许多失业者都是没有一技之长的人，他们中的有些人也许对社会生活从未产生过兴趣。社会上有许多不学无术和对共同利益不感兴趣的人，都是人类沉重的负担。这些人觉得自己屈居人下，不如别人，因此，我们不难理解为什么罪犯、神经官能症患者和自杀者大多数是受教育程度较低的人。由于他们缺乏训练，总是落在别人后面。父母、教师及所有对人类未来的进步和发展感兴趣的人，都应该努力让孩子们接受更好的教育，从而使他们进入成年人的生活时，不至于在分工制度中无法占有一席之地。

# 第十一章

# 人与社会

人类最古老的努力之一，是和其同类缔结友谊。我们的种族是由于我们对我们同类有兴趣才日渐进步的。在家庭的组织中，对别人的兴趣是不可或缺的；当我们往回追溯我们的历史，不管在哪一个时代，我们都可以发现人类在家庭中团结一致的倾向。原始部落以共同的符号把自己团结在一起，这种符号的目的是使人们和其同胞团结合作。最简单的原始宗教是图腾崇拜。一个部落可能崇拜蜥蜴，另一个则可能崇拜水牛或蛇。崇拜同样图腾的人会居住在一起，互相合作而情同手足。这些原始习惯是人类使合作固定化的重大步骤之一。在原始宗教的祭祀日，每一个崇拜蜥蜴的人都会和同伴聚集在一起，讨论农作物的收获问题，以及如何保护自己，以免遭到天灾人祸、洪水猛兽的侵害。这就是祭祀的意义。

婚姻通常被认为是一件牵涉团体利益的事情。每一个崇拜相同图腾的人都必须遵照社会的规定，在自己团体之外寻找配偶。我们应该认识到，婚姻并不是私人的事情，而是全体人类在心灵上和精神上都必须参与的共同事务。结婚之后，双方都必须负起某些责任，这是整个社会对他们的期待。社会希望他们生育健康的子女，并以合作的精神将之抚育成人。因此，在每一桩婚姻中，每一个人都应当乐于合作。原始社会用图腾和其复杂的制度来控制婚姻的方法，在今日看来也许相当可笑，但是它们在当时的重要性则是不容忽视的。它们的真正目的在于增加人类的合作。

基督教中最重要的教诲之一是“爱你的邻居”。在此，我们又看到另一种想要使人类增加对同类兴趣的努力。有趣的是，现在从科学的立场，我们也能够证实这种努力的价值。被宠坏的孩子问我们：“为什么我应该爱我的邻居？他们为什么不先来爱我？”这句话显露出他缺乏合作训练和他的自私自利。在生活中会遭遇困难，并做出损人利己之事的人，就是对其同胞不感兴趣的人。人类之中所有的失败者都是从这批人中孕育出来的。各种不同的宗教都以自己的方式倡导着合作。站在我的观点，任何人类的努力，只要是以合作为最高目标的，我都完全赞同。争执、批评和贬抑对方都是不必要的。我们还不知道什么是绝对的真理，因此，通往合作的最终目标也有许多不同的途径。

我们知道，世界上存在许多种政治制度，而且都是可行的，但是，如果缺少了合作精神，那不管是谁来执政，都必将一事无成。每一个政治家都必须以人类的进步作为其最后目标，而人类的进步总是意味着更高程度的合作。我们经常很难判断哪位政治家或哪个政党能够真正将群众带上进步之途，因为每一个人都是以他自己的生活态度来做判断的。但是，假如一个政党能使其党内成员彼此水乳交融，我们便有理由认为这个政党可能会做得更好一些。同样，在国家动向上，如果当政者的目标是在将孩子培育成良好的公民并增加其社会感，使他们尊重自己的传统、崇敬自己的国家，并能依照他们认为最理想的方式来改变或制定法律，那么我们对执政党的努力也不应表示异议。班级的活动也是团体的合作运动，由于其目标也是促进人类的进步，所以在班上应该避免造成偏见。因此，所有的运动都只应以它们能否增加我们对同类的兴趣来判断其价值。我们将会发现，有助于增进合作的方法是非常多的。这些方法或许有高下之分，但是，只要能够增进合作，我们就不必因某种方法不是最好的而去攻击它。

我们无法认同的是只问收获不事耕耘、只追求个人利益的人生观。这对于个人和团体的利益都是最大的阻碍。只有通过我们对同类的兴趣，人类的各种能力才得以发展出来。说、读、写，都是和别人沟通往来的先决条件。语言本身就是人类的共同创作，也是社会兴趣的产物。了解对方也是共同的事情，不是私人的功能。了解就是知道别人心中的想法，它使我们能以共同的意义和别人发生联系，并受人类共同常识的控制。

# 兴趣缺失与沟通障碍

有一些人终日在追求着个人的利益和优越感，他们给予生活一种私人的意义，认为生活应该是为他们而存在的。然而，这是世界上任何一个人都无法同意的看法。我们将发现这种人会因此而无法和其同类发生联系。我们经常会发现只对自己有兴趣的人的脸上有一种卑鄙或虚无的表情，我们也会在罪犯或疯子的脸上看到同样的表情。他们不用他们的眼睛来和别人发生联系，他们各人有各人的不同看法。有时候，这种孩子或成人对他们的同伴甚至不屑一顾，他们将视线移开，旁顾他处。在许多神经官能症病患中，都可以看到这种和别人交往上的失败。例如强迫性的脸红、口吃、阳痿、早泄等，都是较受人注意的例子，它们都是由于对别人缺乏兴趣所造成的。

最高程度的孤立可以用疯狂来表示。如果能引起他们对别人的兴趣，即使是疯狂也不是无药可治的。疯子和一般人之间的距离相当遥远，或许只有自杀者堪与比拟。因此，要治疗疯子是一种艺术，而且是一种相当困难的艺术。我们必须设法赢得患者的合作，这一点只有极具耐心以及抱持最仁慈和最友善的态度才能做得到。以前，曾经有人请求我尽力去治疗一个患有早发性痴呆症的女孩子。她得这种病已达八年，最后这两年是在一家收容所中度过的。她像狗一样狂叫，到处吐口水，撕扯自己的衣服，甚至想要吞下她的手帕。我们可以看到，她对于身为人类的兴趣是多么缺乏。她想扮演狗的角色，我们也能了解其动机。她觉得她的母亲把她像狗一般看待，她的行为或许是在说："我越看你们这些人类，我越希望自己是一只狗！"我连续八天对她谈话，她却一个字也不回答。我继续和她说话，三十天之后，她才开始以含混不清的语言作答。我对她很友善，她也因此受到了鼓励。

如果这一类型患者受到鼓励而产生勇气，他也不知何去何从，因为他对其同伴的抗拒力是非常强的。当他的勇气恢复至某种程度，而他又不希望和别人合作时，我们也能够预测出他的行为。他的举止正如问题孩子：他会做出种种恶作剧，打破任何能够拿到手的东西或攻击监护人。当我第二次和这个女孩子见面时，她便动手打我。我不得不考虑要如何应对。唯一能出乎她意料的回答，就是置之不理。你可以想象出这个女孩子的外形——她并不是体格非常强壮的人。我让她打我，仍然保持很和善的样子。她觉得非常意外，因此而敌意全消。可是她仍然不知道如何处理其苏醒过来的勇气。她打破了玻璃窗，手被玻璃划破了，我不但不责备她，反倒帮她包扎。通常应对这种暴力的方法，诸如监禁或把她锁在房子里，都是错误的方法。如果我们要赢得这个女孩子的合作，我们必须另寻他途。期望疯子做出像正常人一样的行为，这是最大的错误。几乎每个人都因为疯子不会像平常人一样做出反应而感到恼怒。他们不吃不喝，他们撕扯自己的衣服，等等。让他们随心所欲吧！除此之外，我们就没有帮助他们的方法了。

后来，这个女孩子痊愈了。过了一年，她仍然很健康。有一天，当我到她以前被监禁的收容所时，我在路上遇见了她。"你到哪儿去？"她问我。"跟我一道走吧，"我说，"我要到你住过两年的那家收容所。"我们一起到了收容所，我找到曾经在那里治疗过她的那位医生，请他在我诊治另一个患者时和她谈谈话。当我回来后，这位医生怒火冲天地说："她是完全好了，可是有一件事情使我非常恼火：她根本不喜欢我！"此后，我还断断续续和这个女孩子见面达十年。她的健康情形一直非常好，她自己赚钱谋生，和友伴们相处融洽，见到她的人没人相信她曾经发过疯。

妄想狂和抑郁症这两种情况能够特别清楚地显现出他和别人之间的距离。患妄想狂的人埋怨着所有人，他认为他四周的人都联合起来，想陷害他。患抑郁症的人会自怨自艾，比方说，他会想“我破坏了我自己的家庭”或“我的钱都被我赔光了，我的孩子一定要挨饿了”。然而，一个人在责备自己时，只是他表现出来的形式，其实他是在责怪别人。例如：一位交际广阔、风头正盛的女士，在遭遇到一次意外之后，再也无法继续参加社会活动了。她的三个女儿都已结婚成家，因此她觉得非常寂寞。几乎在同一时间，她又失去了丈夫。她以前一向是受人尊崇的，她想要找回她所失去的一切。她开始周游欧洲。可是她再也无法觉得自己像以往那么重要了，在欧洲，她患上了抑郁症。抑郁症对于处在这种环境下的人是一种很大的考验。她发电报要她的女儿们来看她，但是她们每个人都有借口，结果一个人也没来。回家后，她最常说的话是“我的女儿们都待我非常好”。她的女儿们让她一个人生活，请了一位护士来照顾她，她们隔一段时间才来看看她。我们不能光从表面上来看她的话。她的话是一种控诉，每一个了解其环境的人都知道她的话是一种控诉。抑郁症是对别人长期的愤怒和责备，由于想要获得别人的照顾、同情和支持，患者只好为他自己的罪过表现得垂头丧气、痛心疾首。抑郁症患者的最初记忆通常都是与这类似的：“我记得我要躺到长椅上，但是我的哥哥已经先躺在那里了。我大哭大闹，结果他只好让位给我。”

抑郁症患者还有以自杀作为报复手段的倾向，因此医生第一件要注意的事，就是避免给他们自杀的借口。我自己解除这种紧张的方法是向他们建议治疗中最重要的规则：“不要做你不喜欢做的任何事情。”这似乎是微不足道的事，但是我相信它牵涉整个问题的基础。如果抑郁症患者能够随心所欲地做任何事情，他还会控诉谁？他还会做出什么事情来报复别人？“你如果想上戏院，”我告诉他，“或是想去度假，那么就去吧！如果你在路上发现你不想去了，那么你就不去好了。”这是任何人都能做到的最佳情境，能使他对优越感的追求获得满足。他像上帝一样，能够做他喜欢做的事情。另一方面，它却很不容易适合于他的生活态度。他想要指使别人、控诉别人，假如他们都同意他的看法，他就没有指使他人的必要了。这条规则是一种很大的解脱，在我的患者中也从未发生过自杀事件。当然，我们也知道，最好是让一个人来看住这种患者，不过，我的很多患者都没有被紧密跟随。只要有人在旁边看着，危险就不会发生了。

有时患者会回答：“可是我什么事情都不想做！”对这种回答我已经胸有成竹，因为我听到它的次数太多了。“那么你就先不要做你喜欢做的事情好了”，我会这样告诉他。然而，有时候，他会说：“我喜欢整天躺在床上。”我知道，如果我准许他这样，他就不会再想躺在床上。我也知道，如果我阻止他，他一定会坚持到底。因此，我永远表示同意。这是规则之一。

另外一种对他们生活态度的攻击是更为直接的。我告诉他们：“如果你照着我的话做，你在两个礼拜内就会痊愈。记住：每天你都要设法取悦别人！”请注意这件事对他们的意义。他们原先心里只有一个念头：“我要怎样才能使那个人烦恼？”他们的答案是相当有趣的。有些人说：“对我而言，这是轻而易举的事。我一辈子不都在做这件事吗？”其实他们并没有做这种事。我要求他们考虑我说的话，他们却想都不想。我告诉他们：“当你睡不着觉的时候，你可以利用这些时间去想想你要怎么做才能使某一个人高兴，这样，你的健康一定会有很大起色的。”当我第二天看到他们的时候，我问他们：“你有没有照我的话做？”他们中有的人回答道：“昨天我一上床就睡着了。”当然，这些都是在诚挚、友善的态度下进行的，我一点也没有表示出优越的感觉。其他人会回答：“我做不到。我太烦了。”我告诉他们：“烦恼就烦恼吧，没什么关系的。你只要偶尔想想别人就行了！”我要他们把兴趣指向别人。许多人说：“我为什么要讨好别人？他们都不来讨好我！”“你要为你的健康着想，”我回答道，“不为别人着想的人，以后也会吃亏的。”在我的经验里，马上就回答“我已经照你说的话想过了”的患者，是绝无仅有的。我的种种努力都是想要增加患者的社会兴趣。我知道他们得病的真正原因是缺乏合作精神，我想让他们也了解这一点。只要他能站在平等合作的立场和他的同伴发生联系，他便会很快痊愈。

另外一种明显缺乏社会兴趣的例子，是所谓“犯罪性的疏忽”。例如，有一个人把点着的火柴扔到森林里，引起了一场森林大火。又如，在最近的一个案件里，有个工人结束了一天的工作，回家后把一条电缆横放在马路上忘记收拾了，结果一辆摩托车撞上了电缆，骑车的摔死了。在这两个案子里，肇事者都没有害人之心。对于这些不幸，他们在道德上似乎不必负什么责任。然而，他并未受过要替别人着想的学习，他不知道要采取预防措施来保障别人的安全。这是因为他缺乏合作精神。比较常见的此类现象还有衣冠不整的孩子踩在别人脚上、摔破杯碗、弄坏公共物品，以及做出种种损人不利己举动的人。

## 社交兴趣与社会平等

关心身边人的能力是在学校和家庭中培养出来的。我们已经谈过哪些事物可能妨碍孩子的发展。社会感或许不是由遗传得来的本能，但是社会感的潜能是由遗传得来的。能够影响这种潜能发展的因素有：母亲的技巧、母亲对孩子的兴趣，以及孩子自己对环境的判断。如果他觉得别人都充满敌意，如果他觉得四周都是敌人，自己不得不采取防卫手段，那么我们就无法期待他会和别人成为朋友，而且他自己也不会成为别人的好朋友。如果他觉得别人都应该听他的使唤，他就不会希望对别人有所贡献，而只想驾驭他们。如果他只关心自己的感觉以及自己身体的舒适与否，他就会使自己退出社会。

我们已经讲过为什么最好要让孩子觉得自己是家庭中平等的一分子，并且要关心其他的家庭成员。我们也说过父母本身应该是很要好的朋友，和外界也应该保持良好而亲密的友好关系。只有这样，他们的孩子才会觉得在他们的家庭之外也有值得信赖的人。我们还提到过，在学校里，应该使孩子觉得自己是班上的一部分，也是其他同学的朋友，并能够信任他们的友好关系。在家庭中的生活和在学校中的生活只是为达成更大目标的准备。它们的目标是教育孩子成为好的公民，成为全体人类中平等的一分子。只有在这种情况下，他才能积蓄起勇气，不慌不忙地应对其问题，并为它们找出能增进他人幸福的答案。

如果他能成为所有人的好朋友，并以美满的婚姻和有价值的工作对他们有所贡献，他就不会觉得自己不如别人或被别人所击败。他会觉得这个世界是个友善的地方，在哪里他都能泰然处之，他会遇见他喜欢的人，应对困难时也能得心应手。他会觉得：“这个世界是我的世界，我必须积极进取，不能退缩观望。”他非常清楚，现在只是人类历史中的一段时间，他只是整个人类过程——过去、现在、未来——的一小部分。但是，他同时也会感到，这个时代正是他能够完成其创造工作，并且对人类发展贡献一己之力的时代。在这个世界真的有许多邪恶、困难、偏见和悲哀，但这是我们自己的世界，它的优点和缺点也是我们自己的优点和缺点，这是我们必须改造和推进的世界。我们可以断言：如果每个人都以正确的途径担负起自己的工作，他在改进世界的事业中便已经尽到了自己的责任。

担负起自己的工作，意思就是要以合作的方式担负起解决生活中三个问题的责任。我们对于一个“人”的所有要求，以及我们能够给他的最高荣誉，就是他必须身为良好的工作者、其他人的朋友，以及爱情与婚姻中的真正伴侣。一言以蔽之，他必须证明他是人类的一个良好的同伴。

# 第十二章

# 爱与婚姻

# 爱、合作与社会兴趣

在德国的某一个地区，有一种古老的风俗，据说可以用来测试一对未婚夫妻是否适合一起过婚姻生活。在结婚典礼之前，新郎和新娘先被带到一个广场上，那儿已经事先安置好一棵砍倒的大树。他们要用一把两端都有把手的锯子，将这棵树的躯干锯为两段。通过这个试验，我们可以看出他们两个人愿意和对方合作的程度。如果他们之间无法协调合作，他们彼此为对方掣肘，而终将一事无成。如果他们之一想要居功，什么事都要自己来，而另一个又甘心让开，那么他们的工作将会事倍功半。他们两个人都必须积极进取，而且他们的积极进取还必须结合在一起。由此可见，这些德国农人早就知道合作是婚姻的首要条件了。

如果有人问我爱情和婚姻是什么，我将会给他如下的定义，虽然这个定义可能是不完整的："爱情，以及其结果的婚姻，都是对异性伴侣最亲密的奉献，它表现在心心相印、身体的吸引，以及生儿育女的共同愿望中。我们很容易看出，爱情和婚姻都是合作的一面，这种合作不仅是为了两个人的幸福，而且是为了人类的利益。"

爱情和婚姻是为人类利益而合作的这种观点能够解决这个问题的每一方面。即使是人类各种追求中最重要的肉体的吸引力，对于人类的发展也是不可或缺的。我经常说：人类由于体能上的限制，无法在这贫瘠的地球上永久生存下去。因此，保存人类生命的主要方法，就是通过我们的生殖能力和对肉体吸引力的不断追求来繁衍后代。

## 做好婚姻生活的准备

在我们这个时代，爱情问题里会有各种困难和纷争。结了婚的夫妇面临着这些困难，父母们又关心着他们，最后整个社会都被牵涉进他们的难题中。因此，如果我们要为这个问题找出一个正确的结论，我们的研究必须完全摒弃偏见。我们必须忘掉我们所学过的事物，在探讨问题时，应该尽我们所能不要让其他的思考来干涉完全自由的讨论。我并不是说我们能够把爱情和婚姻的问题当作完全孤立的问题。人类绝对无法只凭个人的想象去解决他的问题。每一个人都受到几种固定系带的束缚，在一个固定的架构之中发展，必须依照这个架构做出种种决定。这些系带之所以发生，首先是因为我们居住在宇宙中一个特定的地方，而且必须在环境给予我们的许多限制之下发展。其次是因为我们生活在我们的同类之间，我们必须学会适应他们。最后是因为人类有两种不同的性别，我们种族的未来就依赖这种两性关系。

我们不难了解，假如一个人关心着他的同伴以及人类的幸福，他做每一件事情时都会先考虑其同伴的利益，他解决爱情和婚姻问题的方式也不会损及别人的幸福。他不一定知道他是在用这种方式解决问题，你如果问他的目标是什么，可能他自己也无法说得很清楚，但是他自然而然地在追求着人类的幸福和进步，我们可以从他的各种活动中看到他的这种兴趣。

有许多人对于人类的幸福是不太关心的。他们从来不问："我对我的同胞能有什么贡献？""我要怎样做才能成为团体中良好的一分子？"而只问："生活有什么用？""它能给我什么好处？""我要为它付出多少代价？""其他人有没有为我着想？""别人是不是欣赏我？"如果一个人应对生活问题时总是抱着这种态度，他也会用这种方式来解决爱情和婚姻的问题。他会不断地问："它能带给我什么好处？"

爱情并不像某些心理学家所想象的是一种纯粹自然的事情。性是一种驱动力、一种本能，但是爱情和婚姻并不单单是如何满足性的问题。无论从哪个角度看，我们都会发现，我们的性本能已经过发展而变得优雅和高尚。我们已经压抑了我们的某些欲望和倾向。从我们同伴的行为中，我们学会了要怎样做才不会惹怒对方。我们也学会了怎样穿着、怎样修饰自己。即使是饥饿，也不只是寻求自然的满足，我们有高雅的口味。饮食时，我们还要顾及种种礼仪。我们的驱力已经全部适应了我们共同的文化，它们都表现出我们已经学会的为人类福利和为我们的社会生活所做的各种努力。

如果我们把这种了解应用到爱情和婚姻问题上，我们会发现它不可避免地牵涉大众的利益、对人类的兴趣等问题。这种兴趣是很基本的。在我们认清爱情和婚姻的问题只有考虑人类整体的利益才能获得解决之前，讨论这个问题的任何方面，例如它的补救、改变或新的婚姻制度等，都是没什么好处的。也许我们应该改进它，也许我们应该为这个问题找出更完美的解答，但是，即使我们能够找到更完美的答案，它之所以完美，也是因为它能更周全地考虑到以下问题：我们生活在地球上，我们必须和别人发生联系，人类有男女两种性别。只要我们的答案能考虑到这些情况，其中的真理便能永久屹立不倒。

当我们采用这种研究方向时，我们在爱情问题中的第一个发现就是，它是要两个人协力合作的工作。对许多人而言，这是一种全新的工作。我们多多少少都曾经学过如何单独工作，也多多少少学过如何在一群人之中工作，但是，我们通常都很少有成双成对工作的经验。因此，这些新的情况会造成一种困难，可是，如果这两个人以往对他们的同伴都很感兴趣的话，要解决这种困难便容易得多，因为如此一来，他们便很容易彼此发生兴趣。

我们甚至可以说，要完全解决这种两个人的合作问题，每一个配偶都应该关心对方更甚于关心自己。这是爱情和婚姻成功的唯一基础。我们应该已经能够看出，许多关于婚姻的意见及其改革计划都犯了什么样的错误。如果每一个配偶对于其伴侣的兴趣都高于对自己的兴趣，那么他们之间便会有真正的平等。如果他们都很诚心地奉献自己，他们便不会觉得自己低声下气或受人压制。只有男女双方都有这种态度，才会存在真正的平等。他们两个人都应该努力使对方的生活安适和富裕，这样，他们才会有安全感。他们会觉得自己有价值，他们觉得自己被需要。在此，我们可以看到婚姻的基本保证，以及这种关系中幸福的基本意义。这种感觉使你觉得你是有价值的，没有人能代替你，你的配偶需要你，你的行为正确，你是一个良好的伴侣和真正的朋友。

在夫妻合作的工作中，是不可能让一个伴侣接受从属的地位的。两个人中如果有一个人想要驾驭对方，强迫对方服从，他们便无法很快乐地生活在一起。在我们现在的情况下，有许多人相信：自己应该扮演领袖的角色，他们要独裁专制，成为一家之主。这是我们有这么多不愉快婚姻的原因。没有人能够心平气和地忍受卑下的地位。伴侣们必须是平等的，人们只有在平等的时候才能找出克服共同困难的方法。例如，在这种情况下，他们才能对生儿育女的问题达成协议。他们知道，当他们决定不生育时，他们已经做了能影响人类未来的事情。他们也会对孩子的教育问题达成协议，当他们遇到问题时，他们会尽快设法解决，因为他们知道，受不愉快婚姻影响的孩子在精神上会饱受痛苦，而且不会有良好的发展。

现代文化里，人们经常都没有做好合作的准备。我们的教育都太注重个人的成功，都太强调要考虑我们能够从生活中获得什么，而不是我们能付出什么。我们很容易理解，当两个人以婚姻的亲密关系生活在一起时，在合作方面和对人关心方面的任何失败都会导致不幸的后果。有许多人都是第一次经历这种密切的关系。他们非常不习惯于考虑另一个人的利益、目标、欲望、野心和希望。他们还没有准备好要解决共同生活的问题。我们不必对我们举目所及的许多错误感到惊讶，我们应该面对这些事实，并学习如何在将来避免这些错误。

如果未经训练，成人生活的危机是很难得到有效解决的，因为我们一直都是遵照着我们的生活态度做出种种反应。婚姻的准备并非一蹴而就。在一个孩子典型的行为里，在他的态度、思想和动作里，我们都可以看出他是如何培养自己，以准备应对成人的情境。他对爱情态度的主要轮廓在四五岁时便已经定型了。

我们在孩子发展的早期就能够看出，他已经在形成他对爱情和婚姻的展望。我们切不可以为他是在表现出像成人一样的性兴奋，他只是在对平常社会生活的一面下定决心而已，他觉得自己是这种社会生活的一部分。爱情和生活都是他环境中的因素，它们自然而然地侵入他对自己未来的概念之中。他对它们必须有某种程度的理解，对这些问题也必须抱有某种立场。当孩子很早便显现出他们对异性的兴趣，并选择他们所喜欢的对象时，我们绝不可以认为这是一种错误、胡闹或性早熟。我们不应该嘲弄他们，或拿他们当笑话。我们应该把这样的事情当作他们迈向爱情和婚姻准备的一个步骤。我们不仅不应取笑他们，还应该同意孩子的看法，认为爱情是一种奇妙的事情，是他们应该准备从事的工作，是全体人类都必须参加的工作。如此，我们才能在孩子心中建立起一个理想，让他们在以后的生活中能够以教养良好、热诚奉献的姿态和对方交往。将来，我们会发现孩子们都会成为一夫一妻制最忠诚的拥护者，尽管他们父母的婚姻并不十分和谐，他们也不会深受其害。

我从来不鼓励父母们太早对孩子们解释肉体上的性关系，或是对他们说太多他们还无法接受的性知识。孩子们对婚姻问题的看法是非常重要的，如果教导方法错误，他们会把它当作一种危险，或是非他力所能及的事情。依据我的经验，在早年生活中，如五六岁时便知道成人性关系的孩子，以及有早熟经验的孩子，在以后的生活里，都比较容易受到爱情的伤害。对他们而言，身体的吸引力还代表了危险的信号。如果孩子在较为成熟之后才有初次的经验和知识，他就不会这么害怕，他在处理男女关系时犯错误的机会也少得多。帮助孩子的秘诀是不要对他撒谎，不要逃避他的问题，要了解他问题的背后隐藏着什么，并只向他解释他希望知道的事情以及我们确知他能够了解的事情。道听途说、凭空捏造的性知识害处最大。恋爱问题和其他两个问题一样，最好是让孩子独立解决，孩子应当凭他自己的力量去学习他想知道的事物。如果他和他的父母能够彼此信赖，他便不会遭受困扰。他会向父母问他需要知道的东西。我们还有一种迷信，认为孩子会听其友伴的蛊惑而误入歧途。我还没有看到过在其他方面都很健全的孩子会因此而受害的。孩子们并不会听信同学告诉他们的每一件事情，他们大部分都是很有鉴别力的。如果他们不敢确定他们所听到的事是否真实，他们会问他们的父母或哥哥、姐姐。当然，我也必须承认，我经常发现孩子对这些事情都比他们的长辈敏感，而且不愿启齿发问。

即使是成人生活中的肉体吸引力，也是在孩子时代便已经培养出来的。孩子们所获得的关于爱怜和吸引的印象，以及当时环境中异性给他的印象等，都是肉体吸引力的开始。当男孩子从他的母亲、姐妹或周围的女孩子那里获得了这些印象后，在以后生活中能使他感到有肉体吸引力的类型，都会被她们和他早年环境这些人的相似性所影响。有时候，他也会受艺术作品的影响。每个人都会受到他个人审美观念的驱使。因此，广义地说，个人在往后的生活里便不再有选择的自由，他只能依照他以往受过的培养来选择。这种对美的追求，并不是毫无意义的追求。我们的审美情绪一直都是以健康的感觉和人类的进步为基础的。我们所有的功能，我们所有的能力，都是遵循这个方向而形成的。我们无法逃避它。被我们认为美丽的东西，都是看起来能永垂不朽的东西，以及对人类的利益和人类的未来有用的东西；我们也希望我们的孩子能朝此发展。这就是不断驱策着我们前进的美感。

有时候，如果男孩子和母亲相处得不好，女孩子和父亲相处不好（当婚姻中的合作不是很和谐时，经常会发生这种情况），他们会寻求和父母正好相反的类型。如果一个男孩子的母亲事事对他吹毛求疵，如果他很软弱，又怕受人压制，他便很可能觉得只有看起来不盛气凌人的女性才有性的吸引力。他很容易因此而形成错误的观念：他找对象时，可能只找愿意顺从他的女性，然而，这种不平等的婚姻是不可能美满的。有时候，如果他想证明自己强壮有力，会找一个看起来也很强壮的伴侣，这也许是因为他喜欢强壮，也许是因为他觉得她比较有挑战性，能够证明他自己的强壮。如果他和母亲严重不和，他对爱情和婚姻的准备可能会受到阻碍，甚至异性对他的肉体吸引力也会降低。这种障碍发展的程度各有不同，最严重的一种是他完全排斥异性，而变成性欲倒错。

# 婚姻的承诺与责任

如果父母的婚姻非常和谐，那么孩子的准备就会比较好。孩子们从他们父母的生活中获得了有关婚姻的最早印象，因此绝大多数生活中的失败者都出自婚姻破裂或不愉快的家庭，这没有什么可惊讶的。如果父母本身都不能合作，他们自然更不可能教他们的孩子合作。我们在考虑一个人是否适合结婚时，经常都是看他是不是曾经在正常的家庭中受过训练，以及看他对待父母、兄弟姐妹的态度。最重要的因素是他是在何处得到他对爱情和婚姻的准备的。当然，我们知道，决定一个人的并不是他的环境，而是他对环境的估计。他的估计是很有用的。很可能他在父母的家中经历过非常不愉快的家庭生活，但这也会刺激他设法使自己的家庭生活更为美满。他可能努力让自己为结婚做好准备。我们不能只因为一个人有过不幸的家庭生活，便判断他可能会失败而拒绝他。最坏的情况是个人只顾及自己利益的时候。如果他受过这种训练，他会终日盘算着：我能从生活中得到什么样的快乐或兴奋？他会一直寻求自由和解脱，从不考虑要怎样才能使其伴侣的生活更轻松、更富裕。这是一种不幸的做法。我把它比作缘木求鱼。它不是罪恶，而是一种错误的方法。因此，在准备我们对爱情的态度时，我们不能只图安逸或只想逃避责任。爱情中如果含有犹豫和怀疑便不会坚固。合作需要有永恒不变的决心；当这种结合中包含有固定不变的决心时，我们才认为它是真正爱情和幸福婚姻的例子。这种决心不仅包括有生儿育女的决心，并且要教育他们，训练他们学会合作，尽我们的力量使他们成为良好的公民，成为人类种族中平等负责的一分子。美好的婚姻是我们养育人类未来一代的最好方法，所有人都应该记住这一点。婚姻其实是一项工作，它有它自己的规则和律法，我们不能只选用其中一部分，规避其他部分，而又不损及地球上的永恒定律——合作。

如果我们只把我们的责任限制在五年内，或者把婚姻当作一段试验时期，那么便不可能有真正亲密的爱情奉献。假如男人或女人这样为自己预留退路，他们便不会集中全力来对待婚姻。任何一种严肃而重要的生活或工作，都是不能先替自己安排脱身之计的。我们无法创造出有限度的爱情。所有老谋深算、千方百计想从正常的婚姻中脱逃的人都走上了错误的道路。他们脱逃的企图会损及他们的配偶，使其心灰意冷；在失望之余，他们的配偶也会成全其脱逃的愿望，而不再履行他们决定要一起实现的诺言。我知道在我们的社会生活中有许多困难，它们妨害了许多人，使其无法依正当途径来解决爱情和婚姻的问题，即使他们有心要解决它，也找不到合适的方法。然而，我们却不能因此而舍弃爱情和婚姻，我们要消除的是社会生活的困难。我们知道甜蜜的爱情关系需要一些特性——真实、忠诚、可靠、不保留、不自私……不难理解，假如一个人整天疑神疑鬼，他是不适合结婚的。假如夫妻双方都决心要保留个人的自由，真诚的爱情关系就没有实现的可能，这并不是真正的爱情。在爱情关系里，我们并非无拘无束、肆意行动的，我们必须受合作的约束。

下面，让我举个例子来说明私人的独断专行不仅对婚姻的成功和人类的幸福无益，而且会损害到男女双方。

一对离过婚的男女结了婚，他们都是知识程度颇高的人，而且都希望第二次的婚姻会比第一次理想。然而，他们却不清楚他们的第一次婚姻为什么失败，他们只想寻找补救之道，可是都看不到自已缺乏社会兴趣。他们自命为自由思想者，希望能有不受拘束的婚姻，以免彼此感到厌烦。因此，他们约好每个人都有完全的行动自由，大家都可以做自己想做的事情，不过要彼此信赖，把自己做过的事情告诉对方。在这一点上，这位丈夫似乎勇敢得多。每当他回家时，他都把自己做过的风流韵事告诉妻子。她似乎很喜欢听这些话，并深以她丈夫的风流倜傥为荣。她一直想仿效他，建立她自己的爱情关系，但是在采取行动之前，她便患上公共场所恐惧症。她不敢单独出门，她的神经官能症使她整天待在家里，当她跨出家门时，便觉得浑身不适，所以不得不退回去。这种恐惧症看起来似乎是避免使其决心付诸实现的方法，其实还不仅如此。由于她不能单独出去，她的丈夫也只好在她身旁陪她。你可以看出这种婚姻的逻辑是如何打破其决定的。这位丈夫由于要留下来陪妻子，便再也无法成为自由思想者了。妻子因为害怕单独出门，所以也无法运用她的自由。这位女性如果想治愈自己的疾病，必须先对婚姻有比较清楚的了解，她的丈夫也必须把它看作一种合作的工作。

另外还有些错误是在婚姻开始之前便已经形成了。在家中娇生惯养的孩子，结婚之后，经常会觉得受到冷落。他们没有让自己适应于社会生活。被宠惯的孩子结婚后也可能成为暴君，使他的伴侣觉得受人凌虐，觉得自己是在牢笼里，并开始想反抗。当两个娇生惯养的人碰在一起时，一定会发生许多有趣的事情。他们两个人都会要求对方关心自己、注意自己，可是两人都不会觉得满意。下一步就是寻找解脱之道：其中一个人开始和别人搭讪，希望能获得较多的注意。有些人无法只和一个人恋爱，他们必须同时和两个人或多人坠入情网。只有这样他们才感到自由，他们能从一个人身边逃到另一个人身边，而且不必负爱情的全部责任。但其实，“脚踏两只船”就是一无所有。

还有些人想象出一种浪漫的、理想的而又非世间所有的爱情，他们沉迷在他们的幻想里，而不在现实中寻找他们的伴侣。太高的爱情理想会导致他们拒绝与异性恋爱，因为他们总觉得没有人能配得上他们。有许多人，尤其是许多女人，由于在人格发展中的错误，反而训练自己去讨厌并排斥自己的性别角色。这妨害了他们的自然功能，如果不接受治疗的话，他们在身体上也无法完成成功的婚姻。这就是我所说的“对男性的钦羡”。如果孩子们怀疑自己的性别角色，他们便会感到不安全。如果哪种性别的角色被认为是较占优势的角色，不管是男孩或是女孩，都会自然而然地觉得这种角色是值得钦羡的。他们会怀疑自己是否有足够的能力来扮演此种角色，会过分强调此种性别的重要性。在我们的文化中，这种对性别角色的不满是非常普遍的。在所有女性性冷淡和男人心因性阳痿的个案里，我们都很怀疑它的存在。这些个案都是对爱情和婚姻的抗拒，而且这种抗拒正是适逢其所。除非我们有男女真正平等的感觉，否则便不可能避免这种失败；而且只要人类中的一半还有对其地位觉得不满的理由，婚姻的成功也仍然有很大的障碍。合理的补救之道是平等的训练，而且我们也不能容许我们的孩子对其未来的性别角色觉得模糊不清。

我相信，在结婚之前避免发生性关系，是爱情和婚姻中亲密奉献的最佳保证。我发现，大部分男人都不喜欢他们的爱人在结婚之前先献出自己的身体。有时候，他们把它当作一种不贞的表现，并且因此而感到震惊。而且，在我们文化的现状中，如果在婚前有超友谊关系，女孩子的负担将沉重得多。假如促成婚姻的是恐惧，而不是勇气，那也是一种重大的错误。我们知道，勇气是合作的一面。假如男人或女人是由于恐惧而不得不和其伴侣结合，他们便不会真心和对方合作。当他们和社会地位或教育程度比他们低的人结婚时，也是如此。他们对爱情和婚姻深怀恐惧，并且希望创造出让他们的配偶尊敬他们的情境。

友谊是培养社会兴趣的方法之一，是婚姻的重要保证。从友谊中，我们可以学会如何推心置腹，如何体会到别人的心情和感受。如果一个孩子遇到了挫折或者始终受人监视和保护，又或者他孤孤单单地长大，没有同伴，也没有朋友，他就不会发展出为别人着想的能力。他一直以为他是世界上最伟大的人，而且也急着要保全他自己的利益。友谊的培养是一种为婚姻所做的准备。假如我们把游戏当作一种合作的训练，它也是很有用的。但是在孩子们的游戏里，我们却经常发现与人竞争和超过别人的欲望。如果能设置一些能够让两个孩子一起工作、一起读书和一起学习的情境，那将是很有意义的。我们绝不可小看舞蹈的价值，像舞蹈这一类的活动必须让两个人完成一件共同的工作，因此我认为舞蹈的训练对孩子们是很有好处的。当然我所指的并不是表演性质的多于两个人一起跳的舞蹈。如果我们有专供孩子跳的简易舞蹈，它对于孩子们的发展必然有很大的帮助。

职业的问题也能帮助我们看出一个人是否已经做好了婚姻的准备。在现代社会里，对这个问题的解决必须置于爱情和婚姻问题之前。配偶之一或夫妻双方都必须有职业，这样他们才能解决他们的生活，并支持他们的家庭。我们不难理解，良好的婚姻准备必定包含有良好的工作准备。

我们很容易看出一个人在接近异性时的勇敢程度及其合作能力的程度。每一个人都有他特别的接近方法，都有他特殊的战略，以及其求爱的气质，这些都是和他的生活态度协调一致的。在这种恋爱气质中，我们可以看出他是否对人类的未来抱有信心，是否合作，或是只对他自己有兴趣，临场退缩，并不断地责问自己：“我将演出一场什么样的戏？他们会怎么想我？”一个人在求爱的时候可能小心谨慎，也可能热情激进，无论如何，他的恋爱气质总是和他的生活态度相符的，而且只是它的一种表现而已。我们不能完全凭一个人在求爱时的表现来判断他是否适合于结婚，因为此时他有一个直接的目标在眼前，而在其他场合，他可能变得优柔寡断、犹疑不前。不过，我们仍然能从其中获得其人格的可靠指标。

在我们的文化背景下（也只有在这种背景下），人们通常期望男性主动，先表示出爱慕之意。因此，只要这种文化要求继续存在，我们就必须训练男孩子们培养出男性的态度——主动、不犹豫、不退缩。然而，他只有觉得自己是整个社会生活的一部分，并将其利弊视为与自己切身相关时，他们才肯接受这种训练。当然，女性也有求爱活动，她们也会主动，但是在我们现在的文化背景下，大多数女性都觉得自己应当保守一些，因此，她们对异性的仰慕表现在她们的风姿仪态、她们的穿着打扮，以及她们的顾盼谈吐里。因此，我们可以说，男性对异性的接近是简单而肤浅的，而女性对异性的接近则是深沉复杂的。

现在，我们可以再做进一步的讨论了。对于配偶的性的吸引力是绝对必要的，但是它应当依照人类的幸福来改造。如果配偶真正对彼此感兴趣，他们便不会遇到性的吸引力全然消失的困难。这种消失意味着兴趣的缺乏，它告诉我们，这个人对他的伴侣不再觉得平等友善，也不合作，也不愿意再充实其伴侣的生活。有时候，人们觉得兴趣仍在，可是吸引力却消失了。这绝不是真的。我们经常撒谎，大脑也时常不清楚，但是身体的功能却会吐露出实情。如果性的功能有了缺陷，必定是这两人之间未能真正协调一致。他们彼此都已经丧失了兴趣，要不然，最少也是其中之一不再希望解决爱情和婚姻的问题，而只是在寻求逃脱之道。

人类的性驱力和其他动物的性驱力有一点不同之处：它是连续不断的。这是人类的幸福和延续得以确保的另一途径，人类的数量能不断增长，人类的生命能绵延不断，并以其巨大的数量来安然度过种种浩劫，都是这个原因。其他的动物采用别的方法来保存它们的生命，例如，我们发现有许多动物的雌体都产下大量的卵，它们大部分在孵化成活之前便已经被毁坏了，但是总有一部分能安然无恙，因此这些动物也能生存下来。生儿育女也是人类保全生命的方法之一。所以在爱情和婚姻的问题中，我们发现，最能够自发自动地关心人类利益的人，都是最盼望要生儿育女的人，而在意识或潜意识中对其同类不感兴趣的人，都会拒绝接受子女的负担。如果他们总是索取和期待，而不愿给予，他们便不会喜欢孩子。他们只关心自己，而把孩子看作一种麻烦、一种累赘、一种负担、一种会妨害他们自身利益之物。因此，我们可以说，要圆满地解决爱情和婚姻的问题，生儿育女的决心是必不可少的。婚姻是我们所知道的、养育人类未来一代的最佳方法。

在我们实际的社会生活中，解决爱情和婚姻问题的方法是一夫一妻制。它需要真诚的奉献，以及对配偶的关注，因此，诚心诚意地开始这种关系的人便不会破坏其基础。然而我们也知道这种关系并非没有破裂的可能性，我们永远无法避免其破裂。把爱情和婚姻当作一种社会工作，这是一种我们期望能将之解决的办法；然后我们还需要想尽各种方法来解决它。这种破裂之所以发生，通常是因为配偶们没有付出全力，他们不想创造出美满的婚姻生活，而只等待着要获得某些东西。如果他们以这种方式来面对这个问题，他们自然会面临失败。把爱情和婚姻当作天堂是错误的，把结婚当作恋爱史诗的终结也是错误的。两个人结婚之后，他们的各种关系才算正式开始；在婚姻里，他们才会面临真正的生活和工作，才有为社会而创造的机会。另外一种观点，是把婚姻看成最后的目标，这在我们的文化中也是非常流行的。比如说，在许许多多的小说里，我们都能看到这种观点。新婚其实正是一对夫妇一起生活的开始，然而，小说的情节却描写得好像一结婚，什么事情都圆满解决了，好像他们已经大功告成了。另外一个必须指出的重要观点是，爱情本身并不能解决一切。爱情的种类非常繁多，要解决婚姻问题，最好是依赖工作、兴趣和合作。

在这整个关系中，并没有什么奇妙的事情。每一个人对婚姻的态度都是其生活态度的表现之一。如果我们能了解他的为人，我们便能了解他对婚姻的态度。他对婚姻的态度和他的各种努力和目标都是一致的。因此，我们应该能够看出为什么有那么多人总是想求得解脱或逃避。我可以正确地说出有多少人拥有这种态度，这些人都是被宠坏的孩子。这是我们社会生活中一种危险的类型——这些长大了的被宠坏的孩子，他们的生活态度都固定在四五岁的阶段，他们始终保持着这样的观念："我能够得到我想要的所有东西吗？"如果他们不能得到他们想要的每件东西，他们会认为生活是没有目的的。"如果我不能得到我想要的东西，"他们问道，"生活还有什么用呢？"他们变得很悲观，他们产生了"求死的希望"，他们把自己弄得神经兮兮。他们还从自己错误的生活态度中构造了一套哲学。他们认为他们的错误观念是天下唯一的瑰宝：因为这个世界压抑了他们的欲望和情绪，所以他要表现出这种切齿的痛恨。他们一直都在受着这种训练。他们曾经享受过一段美好的时光，当时，他们能随心所欲地得到每件东西。因此他们之中有些人仍然以为：只要他们哭得够响，只要他们提出抗议，只要他们拒绝合作，他们就能获得他们所要的东西。他们并不曾认识到个体应该融入社会这个整体之中，而只管他们个人的利益。结果他们不愿奉献一己之力，只希望不劳而获，他们也变得贪得无厌。所以，他们对婚姻也是浅尝辄止，他们希望有试验性的婚姻、露水夫妻式的婚姻，以及能够随意离婚的婚姻。在结婚之前，他们便先要求自由和不忠实的权利。可是，如果一个人真正对另一个人感兴趣，他会有以下各种特征：成为真诚的友伴，勇于负责，忠实可靠。我相信，未曾成功地达到这种爱情生活或这种婚姻生活的人，总应该了解一下他的生活犯了什么样的错误。

关心孩子们的幸福也是非常必要的。如果婚姻不是以我所主张的观念为基础，它在抚育孩子方面便会有很大的困难。如果父母们经常吵架，并将他们的婚姻视同儿戏，如果他们不再认为他们的问题能够顺利解决，他们的关系能够延续下去，那么这种婚姻便不是能够帮助孩子发展其社会性的有利情境。

也许人们有许多不能生活在一起的道理，也许在某些场合他们最好还是分开，但谁能做这种决定呢？难道我们可以将这种决定权交给那些自己本身都未受到良好教养，自己都不了解婚姻是一项工作，而且又只关心自己利益的人吗？他们对于离婚的看法，正如他们对结婚的看法一样："从中能得到什么好处？"他们显然不是适合做决定的人。你可以看到经常有许多人一再地结婚又离婚，又一再地犯下同样的错误。那么应该让谁来决定呢？也许我们可以想象到：当婚姻中出了某些差错时，应该让精神病学家来决定它是否应当决裂。这在我们国家是有困难的。我不知道美国人的想法是否如此，但是在欧洲我发现大部分精神病学家都主张个人的利益是最重要的。因此，当他们被人请教这种个案时，他们会劝人去找一个情人，以为这样就能解决问题。我敢断言：不久他们就会改变主意，而不再做此种劝告，他们之所以会给这种建议，是因为他们不了解这个问题的整体性，以及它和我们这个世界上其他工作之间的紧密关系。这种关系是我一直希望你们特别注意的。

当人们把婚姻视为个人问题的解决方法时，也犯了类似的错误。在此，我也无法述说美国的情形，但是我知道，在欧洲，当男孩子或女孩子有神经官能症的倾向时，精神病学家会劝他们去找情人或开始性关系。对成人，他们也给予同样的劝告。这其实是把爱情和婚姻当作一种灵丹妙药，结果这个病人更为彷徨，更不知何去何从。正确解决爱情和婚姻问题，是整个人格最完美的体现。没有哪一个问题比它有更多的欢乐。我们绝不能把它看作微不足道的事。我们也不能把它当作罪犯、酗酒者或神经官能症患者的救急药方。神经官能症患者在拥有爱情和婚姻之前，必须先接受正确的治疗；如果他在还没有具备应对它们的能力之前便贸然行事，他一定会遭遇新的危险和不幸。婚姻是一种非常高的理想，它的解决需要我们做出许多努力和创造性活动，身心不健康的人是很难负起这个重担的。

在其他方面，婚姻也时常指向不正当的目标。有些人是为了经济上的安全而结婚的，有些人是为了怜悯别人，还有些人是为了要获得一个仆役来伺候他。婚姻中是不容许有这一类儿戏的。我还了解到，有些人结婚甚至是为了要增加自己的困难。例如，一个青年人在他的考试或事业上遭受到重重困难，他因此而觉得自己可能是很容易失败的人，如果他真的失败了，他便希望能借此原谅自己。所以，他便用婚姻来给自己添加麻烦，以获取脱身之词。

我敢断言，我们不但不应该小看这个问题，而且应该将之置于重要的地位。在我所说过的所有婚姻破裂案件中，实际蒙受其害的总是女方。无疑，这是男士在我们的文化中所受拘束较少的缘故。这是我们的一种错误，但是它却无法通过个人的反抗而得到改正。尤其是在婚姻中，个人的反抗总会扰乱社会关系和伴侣的兴致。要克服它，只有先认清我们文化的整个态度并改变。我的一个学生，底特律的罗席教授（Professor Rasey）曾经做过一次调查，发现有42%的女孩子都希望自己身为男人，这表示她们对自己的性别感到不满。当人类中的一半对她们所处的地位感到沮丧和不满，而且反抗另一半所享有的较多的自由时，爱情和婚姻的问题能够轻易地解决吗？当妇女们总是受人轻视，而相信自己只不过是男人们的玩物，并认为男人们不忠实是理所当然的事时，那么，爱情和婚姻的问题能够轻易解决吗？

从我们所说过的各点，我们可以得出一个简单明了而且实用的结论：人类不是天生就该一夫多妻或一夫一妻的。但是，我们居住在地球上，被分为两种性别，而且必须和我们平等的人类交往的事实，以及我们必须以有效的方式解决环境强加于我们的三个生活问题的事实，都能帮助我们看出，只有一夫一妻制才能使个人在爱情和婚姻中获得最高和最完美的发展。

# 阿德勒年谱

| | |
|---|---|
| 1870年2月7日 | 生于维也纳郊外一个犹太裔中产阶级的米谷商人之家。父亲利奥波德·阿德勒（Leopold Adler）祖籍伯琴兰（Bungen Land），家境富裕，在六个孩子中，阿尔弗雷德·阿德勒（Alfred Adler）排行第二。全家都热爱音乐。 |
| 1873年　3岁 | 从小羸弱，患有佝偻病，行动笨拙，喉部也有毛病。这一年睡在他旁边的弟弟死了，生性敏感的他已经熟悉死亡的滋味。 |
| 1875年　5岁 | 患肺炎，差点丧命，决心将来要当一名医生。童年时代在街上被车子撞倒过两次，这使他对死亡感到极度恐惧。他对音乐有强烈的爱好，能熟记许多歌剧的内容。爱花成癖，医生认为新鲜空气对他的佝偻病有益。这一年他开始上学。 |
| 1880年　10岁 | 在野外游玩时伤害了同伴，以后他只愿待在家里读书和工作。 |
| 1881年　11岁 | 进入中学读书。 |
| 1887年　17岁 | 高中毕业。进入维也纳大学攻读医学。 |

| | |
|---|---|
| 1895年　25岁 | 通过考试，取得医学博士学位。医学课程中他最感兴趣的是病理解剖学。社会问题和社会情况也吸引了他的注意力。 |
| 1897年　27岁 | 和来自俄国的留学生蒂诺菲佳娃娜（Raissa Tinofejewna）结婚。她飞扬跋扈、能言善道，并关心祖国的社会改革。两个人个性、家境迥然不同，初期虽有小摩擦，日后却能相敬如宾、白头偕老。 |
| 1898年　28岁 | 成为一名眼科医生。不久后他成为一个全科医生，对他来说，患者不只是一个病例，他也在探索人格、心理与身体的全盘情况。良好的诊断和博通的学识赢得了病人的信赖和称赞。阿德勒熟读奥地利心理学家弗洛伊德的名著《梦的解析》，深为折服。行医生涯中面对束手无策的糖尿病患者，深有挫折感，由于克劳夫特·爱宾斯（Krafft Ebings）的鼓励，渐渐从一般行医工作转到神经科的研究。 |

| | |
|---|---|
| 1902年　32岁 | 由于他曾在维也纳一本著名的刊物上写文章为弗洛伊德的观点辩护，结果弗洛伊德写信给他，邀他加入弗氏主持的讨论会。当年他进入弗氏的集团，并成为集团的领导人之一。后来继弗氏之后成为维也纳心理分析学会（Vienna Psychoanalytic Society）主席和《心理分析学刊》（*Zentralblatt fur Psychoanalyse*）的编辑。 |
| 1904年　34岁 | 出版第一篇心理学论文《作为教育家的医生》。 |
| 1907年　37岁 | 出版《器官缺陷的研究》，书中包含许多新的概念，此书仍颇受弗洛伊德的影响。 |
| 1911年　41岁 | 弗洛伊德要求讨论会的成员无条件接受弗氏的性理论时，阿德勒起而与之争辩。他认为性不是人类活动的全部原因，而是个人奋斗向上的途径与因素，遂与其他七个职员离开心理分析学会。他在这个团体中工作了九年。读德国哲学家怀亨格（Hans Vaihinger）的著作《"虚假"的心理学》（*The Psychology of "As If"*），深受其影响。 |

| | |
|---|---|
| 1912年　42岁 | 率领一群追随者退出心理分析学会，另组“自由心理分析研究学会”（Society for Free Psychoanalytic Research），并自称其研究为“个体心理学”（Individual Psychology）。 |
| 1920年　50岁 | 声名远播，周游列国，到处讲学，一系列重要著作陆续出版。 |
| 1926年　56岁 | 初抵美国，受到热烈欢迎。 |
| 1927年　57岁 | 受聘为美国哥伦比亚大学讲座教授，并在一所“社会研究新学校”担任教授。 |
| 1932年　62岁 | 长岛医学院（Long Island College of Medicine）任命他为医学心理学客座教授。出版《自卑与超越》[原名：《生活对你应有的意义》（*What Life Should Mean to You*）]。 |
| 1934年　64岁 | 和夫人定居美国纽约。 |
| 1935年　65岁 | 创办了《国际个体心理学学刊》（International Journal of Individual Psychology）。出版著作除本书《自卑与超越》之外，尚有《了解人类的性情》《问题儿童》《优越感与社会兴趣》《阿德勒的个体心理学》和《自卑与生活》[原名：《生活的科学》（*The Science of Living*）]。 |

| | |
|---|---|
| 1937年　67岁 | 受聘赴欧洲讲学。因为过分劳累，导致心脏病突发，客死于苏格兰阿伯丁市（Aberdeen），享年67岁。 |